탐정이 된
과학자들

톰과 올리비아, 잭슨, 프래니아,
전 세계적 전염병의 시대를 함께 헤쳐 나가고 있는
고마운 분들에게 감사의 마음을 담아.

PATIENT ZERO : Solving the mysteries of deadly epidemics
by Marilee Peters
Copyright © 2021 by Marilee Peters
All rights reserved.

This korean edition was published by DARUN Publisher in 2021 by arrangement with
Annick Press Ltd., through KCC(Korea Copyright Center Inc.), Seoul.

이 책은 (주)한국저작권센터(KCC)를 통한 저작권자와의 독점계약으로 도서출판 다른에서 출간되었습니다.
저작권법에 의해 한국 내에서 보호를 받는 저작물이므로 무단전재와 복제를 금합니다.

일러두기

1. 책에 실린 모든 이야기는 실존했던 인물과 역사적 사실을 바탕으로 재구성한 것입니다.
2. '전염병', '감염병', '유행병', '역병' 등으로 번역되는 'epidemic'은 '전염병'으로 통일했습니다.

마릴리 피터스 지음

지여울 옮김

이현숙 감수

COVID-19

전염병의 비밀을 푸는 열쇠,
페이션트 제로를 찾아라

탐정이 된
과학자들

개정증보판

다른

차례

페이션트 제로
PATIENT ZERO

전염병의 최초 감염자로,
병의 정체를 밝힐 열쇠를 쥐고 있다.
전염병학자는 페이션트 제로를 추적한 뒤
그로부터 얻은 정보를 단서 삼아
전염병의 발생 원인과 전염 경로,
대처법 등을 찾아낸다.

적절한 시기에 《탐정이 된 과학자들》의 개정판을 낼 수 있도록 도와준 릭 윌크스(Rick Wilks), 카엘라 카디외(Kaela Cadieux)를 비롯하여 아니크 출판사 편집자들에게 감사의 말을 전한다.

전 세계가 겪고 있는 코로나19의 범유행을 다룬 새로운 장을 덧붙여 개정판을 집필한 것은 2020년 봄이었다. 개정판 집필 당시 언론 매체에서는 매일같이 코로나19의 확산 소식을 떠들썩하게 전했다. 전 세계의 공중보건 기관들과 과학자들, 정부 기관들은 이 새로운 바이러스의 정체가 무엇인지, 우리가 어떻게 대응해야 하는지 정확한 과학적 정보를 전달하기 위해 발 빠르게 움직였다. 그러나 각종 잘못된 정보와 말도 안 되는 헛소문 또한 주요 언론과 소셜 미디어를 통해 빠른 속도로 퍼져 나갔다.

사람들에게 신뢰할 수 있고 도움이 되는 정보를 제공하려는 노력에는 어려움이 따랐다. 우리가 여전히 코로나19에 대해 알아 가는 중이기 때문이다. 새로운 정보가 계속 나타남에 따라 정보 제공의 책임을 맡은 과학자들과 공중보건 공무원들이 자신들이 한 말을 바꿔야 할 때도 있었다. 그 결과 이들이 대중에게 제공한 어떤 조언들은 '틀렸다'는 비난을 받기도 했다. 이와 마찬가지로 나 또한 당부의 말을 덧붙이고 싶다. 여러분이 이 책에서 읽게 될 코로나19에 관한 정보는 2020년 6월을 기준으로 하고 있다. 우리는 앞으로 이 질병에 대해 더 많은 정보를 습득하게 될 것이 분명하다. 따라서 지금 우리가 이 바이러스에 대해 알고 있다고 생각하는 사실 가운데 일부는 바뀔 것이다. 이 말은 어쩌면 이 책에서 다루고 있는 모든 질병에 적용될 수도 있다. 과학은 결코 한자리에 멈추어 있지 않으며 새로운 진실들이 발견될 것이기 때문이다.

이 책의 몇몇 부분에서 전염병 유행에 대처하거나 조사하는 일에 관여한 사람들의 편지나 보고서, 일기의 일부를 직접 인용했다. 용어를 현대식으로 바꾼 부분도 있지만 그들의 생각이나 그 생각을 표현한 방식은 그대로 두려고 했다. 또 어떤 부분에서는 인물과 이야기에 생동감을 더하기 위해 대화를 창작해 넣었지만 언제나 역사적 기록을 엄격하게 따르려고 노력했음을 밝힌다.

"말해 보세요. 그래서 살인이 일어난 날 밤 어디에 있었습니까?"

영화나 TV에서 보면 탐정들은 이 질문을 던질 때 눈을 가늘게 뜨고 용의자에게 몸을 가까이 숙인다. 용의자가 어떤 반응을 보이는지 유심히 살펴보기 위해서이다. 관객이나 시청자 또한 숨을 죽이고 이 장면을 지켜본다. 우리는 탐정이 이 질문을 던지는 것이 사건 해결을 눈앞에 둔 신호임을 알고 있다.

아니나 다를까, 용의자가 몸을 움찔거리기 시작한다. 이마에는 땀이 송골송골 맺혀 있다. 그가 기억을 더듬으며 그럴듯한 핑곗거리를 생각해 내는 동안 그의 눈동자가 불안감에 이리저리 흔들린다. 용의자가 확실한 알리바이를 대지 못한다면 탐정은 선언한다.

"사건이 해결되었다!"

몇 장면이 지나고, 우리는 범인이 감방에 갇힌 뒤 문이 쾅 하고 닫히는 모습을 지켜본다. 영화가 끝나고 엔딩 크레디트가 올라가면 탐정은 다음 사건을 해결하기 위해, 사람들을 안전하게 지키기 위해 다시 밤거리로 나선다.

이제 탐정에게 트렌치코트와 중절모자를 벗기고 하얀 가운을 입혀 보자. 권총 대신 컴퓨터와 현미경을 쥐어 주자. 탐정의 이번 임무는 원한을 품고 달아난 범죄자나 친절한 이웃인 양 가면을 쓴 채 거리를 활보하는 정신 나간 사이코패스, 또는 평범한 사건 용의자의 뒤를 쫓는 것이 아니다. 지금 탐정이 정체를 밝혀내려는 살인자는 바로 미생물이다.

여기에 질병 탐정이 있다. '전염병학자(epidemiologist)'라고 알려진 이 과학자들은 의학적 수수께끼를 풀고 질병이 퍼지는 것을 예방하는 데 필요한 증거를 찾아내고 공중보건을 지키기 위해 훈련받은 이들이다. 형사와 마찬가지로 전염병학자들은 어떤 병이 처음 발생할 때, 그 '범죄 현장'으로 출동한다. 그리고 병이 어떻게 발생했는지, 어떻게 전염되는지, 사람들을 병에 걸릴 위험에 빠트리는 요소가 무엇인지, 병이 전파되는 것을 어떻게 멈추거나 늦출 수 있는지 실마리를 찾아 나선다.

고전 영화의 탐정들과 마찬가지로 전염병학자들도 피해자와 이야기를 나누고, 증인을 추적하여 찾아내고, 수없이 많은 질문을 던지고, 혹시 지나쳐 버렸을지도 모를 사실들을 냄새 맡은 뒤 사건을 종합하여 정리한다. 효과가 입증된 이 탐정 기술에 덧붙여 과학자들은 어떻게 질병이 퍼져 나가는지를 이해하고 우리의 건강을 지키기 위해 첨단 기술과 과학적 전문 지식을 활용한다.

전염병 발생에 대한 조사는 그 병에 걸려 동네 병원의 진료실을 찾은 최초의 환자에서 시작한다. 전염병학자들은 이 최초의 감염자를 '지표 환

11

미생물처럼 생각하라

전염병학자들은 아주 작지만 강력한 상대와 싸우고 있다. 바로 우리를 아프게 만드는 미생물이다. 미생물은 눈에 보이지 않을 만큼 아주 작은 존재이지만 그 수는 인간의 수를 훌쩍 뛰어넘는다(미생물에는 은하에 있는 별만큼이나 많은 수의 종이 존재한다). 이 보이지 않는 적과 맞서 싸우기 위해서는 이들을 이해하는 일이 매우 중요하다.

모든 미생물이 다 나쁜 것만은 아니다. 미생물은 우리 주변 어디에나 존재하며, 우리 몸 안에도 살고 있다. 어떤 종류의 미생물은 우리를 병에 걸리게 만들지만 또 다른 수많은 미생물, 특히 소화기관 안에 살면서 음식을 소화할 수 있도록 도와주는 미생물은 우리가 건강을 유지하는 데 아주 중요한 역할을 한다.

바이러스는 엄청나게 작은 미생물로, 다른 살아 있는 생물의 세포 안에서만 생존할 수 있다. 숙주의 세포 안으로 침입한 바이러스는 그 세포를 차지하고 세포의 에너지를 이용하여 증식한 다음 새로운 바이러스 입자를 내보내 더 많은 세포를 계속해서 감염시킨다. 대부분의 바이러스는 숙주 생물에 병을 일으키며, 그 병을 통해 새로운 숙주들에게 퍼져 나가기 위한 여러 가지 방법을 진화시켜 왔다.

예를 들면 독감 바이러스는 우리가 기침이나 재채기를 하게 만든다. 기침이나 재채기를 할 때마다 우리는 침방울 구름을 만들어 바이러스를 퍼트리며, 그 바이러스가 다른 사람의 몸에 집을 마련할 기회를 제공한다. 콜레라 바이러스는 콜레라에 걸린 불운한 숙주, 즉 환자가 설사를 하게 만든다. 식수 공급원이 콜레라 환자의 배설물에 노출되면 그 물을 마신 다른 사람들에게 바이러스가 퍼지게 된다. 드물지만 말라리아나 황열병 같은 경우 바이러스는 숙주의 혈관에 존재한다. 모기가 한 숙주의 피를 빨아 먹고 다음 숙주를 물게 되면 바이러스는 모기의 몸을 타고 다음 숙주로 넘어가 그를 감염시킨다. 전염병학자에게 미생물이 어떻게 퍼져 나가는가의 문제는 질병의 발생을 이해하고 막을 수 있는 핵심 열쇠이다.

자'라고 부르는 한편 언론과 대중은 흔히 '페이션트 제로(Patient Zero)'라고 부른다(페이션트 제로가 어떻게 최초의 환자를 가리키는 용어로 널리 알려지게 되었는지 알고 싶다면 7장을 먼저 펼쳐 보자). 전염병학자들은 이 첫 번째 환자에서 시작하여 병의 감염 경로를 추적한다. 그들은 이 병을 퍼져 나가게 만든 요인들을 이해하기 위해 도움이 될 만한 실마리를 찾아 나선다.

이는 곧 전염병학자들이 병에 걸린 환자가 접촉한 모든 사람을 한 명씩 추적하고 조사해야 한다는 뜻이다. 이 일을 해내기 위해서는 인내심과 단호한 의지가 필요하다. 한편 사람들에게 호감을 주거나 유머 감각을 발휘하는 능력도 도움이 된다. 어쨌든 사람들에게 최근에 기침을 한 사람들을 전부 기억해 내라고 물어봐야 하는 것이다!

전염병학에서 탐정 업무의 많은 부분은 병이 일어난 지역에서 이루어진다. 전염병학자들은 그 지역에서 집집마다 문을 두드리고 돌아다니며 그 질병에 노출되었을지도 모를 사람들과 이야기를 나눈다. 또한 질병과 맞서 싸우는 노력을 하는 한편 다른 과학자들과 각 나라 정부, 국내외 공중보건 기관들과 협력해야 한다. 오늘날에는 전염병이 발생하면 불과 며칠 또는 몇 시간 만에 전 세계로 퍼져 나갈 수 있기 때문이다. 현대 전염병학에서는 전 세계를 위험에 빠트리는 이런 종류의 위협에 대응할 태세를 갖추기 위해 국가 차원에서 협력하는 한편 각 나라의 건강 문제에 대해 지속적으로 정보를 추적해야 한다.

세계보건기구(World Health Organization, WHO), 미국 질병관리본부(Centers for Disease Control, CDC), 캐나다 공중보건국(Public Health Agency, PHA) 같은 보건 기관의 전염병학자들은 전 세계 어딘가에서 전에 보지 못한 질병이

13

발생하고 있는지, 또는 이미 알려진 질병이 다시 나타나는지 주의 깊게 지켜보고 있다. 전염병학자들은 어느 때고 그중 하나의 질병이 다음에 '대유행'할 수 있음을 알고 있다.

2019년 12월, 중국 우한의 의사들은 폐렴 환자들이 이례적으로 증가한다는 사실을 알아차렸고, 새로운 질병이 발생하고 있을지도 모른다는 생각에 세계보건기구에 그 사실을 보고했다. 우한의 폐렴 환자들은 동물 숙주에서 인간 숙주로 바꿔 탄 바이러스에 노출된 최초의 희생자들이었다. 이 바이러스가 방아쇠를 당긴 유행은 곧 전 세계적인 범유행으로 이어졌다. 바로 신종 코로나바이러스 감염증, 코로나19이다. '대유행'이 시작된 것이다.

2020년은 코로나19 때문에 전염병학자들의 해가 되었다. 전염병학자들은 기자회견을 열고 인터뷰를 하고 팟캐스트를 녹음하고 유튜브에 출연하고 전염병 확산 경로를 한눈에 알 수 있는 영상 자료를 만들었다.

그러나 전염병학에 늘 밝은 면과 빛나는 영광만 존재하는 것은 아니다. 이 책에서 다루는 질병 뒤에 숨은 의학적 수수께끼를 풀기 위해 전염병학자들은 무시무시한 위험과 마주해야 했다. 그들은 바이러스에 감염된 환자의 뒤를 추적하고, 치명적인 질병이 날뛰는 지역에서 일하면서 자신의 목숨을 내걸어야 하는 위험을 감수해야 했다. 그들에게는 용기뿐만 아니라 굳은 의지도 필요했다. 정신 나간 소리처럼 들리는 그들의 이론을 아무도 믿어 주지 않을 때가 많았기 때문이다. 그들은 무시당하고 웃음거리가 되기 일쑤였고, 최악의 경우 일자리를 잃기도 했다. 하지만 전염병학자들은 계속해서 해답을 찾기 위해 노력했고, 전염병 유행의 뒤에 숨은 퍼즐 조각들을 하나씩 모아 맞추었다. 오늘날 우리는 이들 초기 전염병학자들의 업적에 수백만 명의 목숨을 빚지고 있는 셈이다. 질병의 원인을 추적하는 위험한 임무를 기꺼이 맡아 준 그들의 희생 덕분에 우리는 지금 역사상 가장 치명적인 질병들을 예방하고 치료하는 법을 알게 되었다.

코로나바이러스 시대 용어 알기

2020년 초반 우리는 TV와 소셜 미디어, 학교, 지역 사회에서 다음과 같은 말을 듣기 시작했다. "생명을 구합시다. #flattenthecurve(확산 속도 완화하기)", "우리는 서로 거리를 두면서 함께 전염병을 이겨낼 것입니다. #socialdistancing(사회적 거리 두기)" 이런 말과 해시태그는 공중보건을 위한 전염병학의 조언에서 비롯되었다. 가장 많이 사용하는 용어는 다음과 같다.

접촉자 추적: 공중보건 기관 공무원들이 바이러스의 전파를 추적하기 위해 사용하는 방법. 병에 걸린 사람들에게 최근에 무엇을 했는지 질문하고, 접촉한 사람들의 명단을 작성하라고 요청한다. 접촉자들에게 집에서 머물러 달라고(자가 격리) 요청하고, 증상이 나타나면 치료를 받으라고 한다.

확산 속도 완화하기: 치료가 필요한 사람이 한꺼번에 많이 생기지 않도록 바이러스가 확산하는 속도를 늦추는 일. 사회적 거리 두기, 자가 격리, 손 씻기 같은 지침을 따르며 실천할 수 있다.

개인 보호 장비: 장갑이나 마스크처럼 바이러스로부터 우리 몸을 보호하는 장비. 나아가 의료 종사자가 착용하는 얼굴 가림막, 방호복, 신발 덮개 같은 특수한 보호 장비가 있다.

자가 격리: 코로나19에 감염된 사람들은 병의 증상이 나타나는 동안 집에 머물면서 병에 걸리지 않은 사람들과 충분한 거리를 유지해야 한다. 또한 바이러스에 감염되었을 가능성이 있는 사람들도 일정 기간(대부분은 14일) 동안 증상이 나타나지 않는지 살피면서 다른 사람들과 떨어져 지내야 한다. 대부분의 나라에서는 코로나바이러스에 노출되었을 경우, 또는 이 바이러스가 폭넓게 퍼진 지역을 방문하고 돌아온 경우 자가 격리를 시행하고 있다(영어에서는 병에 걸린 환자가 집에서 스스로 격리하는 경우를 self-isolation, 접촉자나 여행자가 증상이 나타날 경우를 대비하여 집에서 스스로 격리하는 경우를 self-quarantine이라고 구분하여 표현한다. 우리나라에서는 2021년 현재 해외에서 입국하는 모든 사람, 코로나19 확진자와 밀접하게 접촉한 사람은 모두 2주 동안 자가 격리하도록 규정하고 있다-옮긴이).

사회적 거리 두기: 다른 사람과 물리적 거리를 일정하게 유지하고, 사람들이 붐비는 공공장소를 피하는 일. '물리적 거리 두기'라고도 하며 바이러스에 감염될 가능성을 낮추어 준다.

전염병학 사전 찾아보기

코로나19나 다른 질병 발생에 대한 뉴스를 듣다 보면 전염병학자들만의 고유한 언어가 있는 것이 아닌지 의심이 들기도 한다. 이를테면 풍토병과 전염병은 어떻게 다른 것일까? 병의 '발생'과 '유행' 중에 더 나쁜 것은 무엇일까? 유행은 언제 '범유행'이 되는 걸까?

풍토병: 풍토병은 어떤 특정 지역에 늘 존재하는 질병으로, 그 지역의 의사들은 매년 이 질병이 다시 나타날 것을 예측하고 있다. 말라리아는 북아메리카 대륙에서는 보기 드문 질병이지만 아프리카 일부 지역에서는 풍토병으로 지속적으로 발생한다.

병의 발생: 같은 시기에 상대적으로 적은 수의 사람들이 똑같은 질병을 앓게 될 때 이를 '병의 발생'이라고 부른다. 어떤 병은 하나의 사건이 원인이 되어 발생할 수 있다. 예를 들면 가족 모임에서 제대로 익히지 않은 고기가 들어 있는 햄버거를 함께 먹고 병원을 찾게 되는 경우다. 또는 어느 지역에서 나타나는 풍토병이 전혀 예상치 못한 다른 지역에서 나타날 때도 병이 발생한다고 말한다. 예를 들면 2019년 뎅기열에 걸린 사람이 하와이를 방문하던 중에 모기에 물렸는데 그 모기는 하와이에 거주하는 다른 사람들에게 뎅기열을 전염시켰고 이로 인해 하와이에 뎅기열이 발생한 경우다.

병의 유행: 어떤 병이 큰 규모로 발생하는 것을 말한다. 새로운 환자들이 급속하게 증가하고 환자의 수가 일반적인 경우보다 높게 나타나면 병이 유행한다고 할 수 있다. 의사들이 같은 증상을 보이는 환자들이 예외적으로 증가하고 있다고 보고하면 공중보건 당국에서는 병이 유행한다고 선언한다. 그리고 보건 당국은 사람들이 그 질병에 대해 예방 조치를 취할 수 있도록 언론을 통해서 경보를 내린다.

범유행: 어떤 전염병의 유행을 막지 못하면 범유행, 즉 팬데믹(pandemic)으로 이어질 수 있다. 범유행은 지구상의 다양한 나라와 폭넓은 지역에 걸쳐 수많은 사람이 그 병에 감염되는 세계적 규모의 유행을 말한다. 세계보건기구는 병의 유행이 3개국 또는 그 이상의 나라에서 보고되면 이를 공식적으로 범유행이라 규정한다. 영어에서 유행과 범유행을 기억하는 방법은 그 앞에 붙은 p의 차이다. 범유행은 여권(passport)을 가진 유행(epidemic)이라고 기억하면 된다.

1
죽음이 남긴 단서

1665년 런던의 페스트

그랜트는 페스트가 유행하기
몇 달 전부터 다양한 원인으로 죽은
사망자가 평소보다 눈에 띄게
증가한 사실을 발견했다.
그는 이런 시기를 '병든 해'라고 불렀다.
그리고 1664년 겨울,
런던에서는 깊이 병든 해가 시작되고 있었다.

- 본문에서

쥐는 이미 죽은 듯 보였다. 굿우먼 필립스(Goodwoman Phillips)는 쥐가 정말 죽었는지 보려고 발끝으로 쥐를 쿡쿡 찔러 보았다. 쥐는 꼼짝도 하지 않았다. 필립스는 허리를 구부려 엄지와 검지로 쥐의 꼬리를 잡고 얼굴 앞으로 들어 올렸다. 대롱대롱 매달린 쥐는 축 늘어진 채 움직이지 않았다.

"하필 우리 집 부엌으로 기어들어 와 깨끗이 치워 놓은 바닥에서 죽었다 이거지."

필립스는 죽은 쥐를 향해 위협적인 말투로 중얼거렸다.

"어디 두고 보자고, 이 더러운 녀석 같으니."

쥐의 검고 굵은 털 위에서 아직까지 벼룩들이 날뛰고 있는 모습을 본 굿우먼은 진저리를 쳤다. 쥐가 죽은 지 그리 오래되지 않은 것이 분명했다. 아마도 얼어 죽은 듯싶었다. 올겨울은 런던 사람들이 기억하는 가장 추운 겨울로, 얼어 죽는 것은 비단 쥐뿐만이 아니었다. 문밖으로 나온 굿우먼은 쥐의 꼬리를 잡고 가능한 한 멀리 내던져 버렸다. 쥐는 털썩하고 도랑 안에 떨어졌다. 더러운 쓰레기를 깔끔하게 처리했다고 생각한 그녀는 집 안으로 돌아와 치맛자락에 손을 쓱쓱 닦고는 아침밥을 준비하기 시작했다.

그날도, 그 이튿날에도 굿우먼은 자신이 내버린 쥐에 대해 까맣게 잊고 있었다. 굿우먼 필립스는 밥을 먹이고 옷가지를 챙겨 주어야 할 남편과 아들이 있는 바쁜 주부였다. 더구나 런던 성벽 바깥쪽으로 초라한 집들이 어지러이 들어찬 필즈의 세인트 자일스 교구(교회를 중심으로 한 지역구)에 사는 필립스네처럼 가난한 집에서는 매일 먹을 음식이며 옷가지를 마련하는 일조차 쉽지 않았다. 더군다나 올겨울에는 지독한 추위 탓에 불을

21

땔 연료를 평소보다 더 많이 사야 했다. 굿우먼은 연료에 돈을 너무 많이 쓴 나머지 며칠 안 남은 올해의 크리스마스를 쓸쓸하고 변변찮게 보내게 될까 봐 걱정이 태산이었다.

그녀의 염려는 맞아떨어졌다. 올해 필립스네는 크리스마스를 축하할 일이 없을 터였다. 그 12월의 음울한 하루가 저물어 갈 무렵 굿우먼은 머리가 깨질 듯이 아파 오는 것을 느꼈다. 허리와 팔다리가 어찌나 쑤신지 제대로 서 있을 수 없을 지경이었다. 처음에는 무시하고 넘어가려 했지만 이내 열이 나고 오한이 들기 시작했다. 저녁이 되자 몸이 심하게 떨려서 꼼짝 못하고 침대에 누울 수밖에 없었다. 열로 멍해진 상태에서 굿우먼은 신음 소리를 속으로 눌러 삼켰다.

불행의 징조

굿우먼 필립스는 남편과 아들들에게 걱정을 끼치고 싶지 않았지만 이렇게 몸이 아픈 것을 숨길 수는 없는 노릇이었다. 어머니의 침대맡을 지키고 앉은 아들들은 어머니의 신경을 다른 곳으로 돌리기 위해 런던 시내에서 보고 들은 이야기를 전해 주었다. 그들은 런던 시내에서 장사꾼의 물건을 나르거나 배달을 하는 등 그날그날 할 수 있는 일을 닥치는 대로 하며 생계를 잇고 있었다.

아들들은 런던 전체가 밤하늘에 나타난 무시무시한 징조에 대한 갖가지 추측과 소문으로 들썩이고 있다고 말했다. 11월 무렵부터 맑은 밤이면 불타는 혜성이 하늘을 가로지른다는 것이다. 시민들은 한목소리로 혜성이 앞으로 닥칠 불행의 징조라고 말했다. 과연 어떤 불행이 닥쳐올 것인가. 가장 최근의 소문에 따르면 혜성의 등장은 국왕인 찰스 2세가 신의 은총을 잃었음을 뜻한다고 했다. 그래서 영국 전역에 무시무시한 천벌이 내려질 것이라고들 했다.

"이 불타는 별들이 세상을 굶주림과 전염병, 전쟁으로 위협하리라. 왕가의 사람들에게는 죽음이, 왕국에는 숱한 위기가 닥치리라. 모든 이에게 결코 피할 수 없는 해가 미치리라!"

한 유명한 점성술사는 이런 무시무시한 예언을 남겼다.

다시 한 차례 열이 오르자 굿우먼의 생각은 이리저리 떠돌았다. 그녀는 창문 너머로 반짝이는 별들을 멍하니 바라보았다. 아들들은 어머니가 푹 쉴 수 있도록 살금살금 자리를 떠났다. 이내 굿우먼은 열에 들뜬 불안한 잠 속으로 빠져들었다.

피를 뽑다

굿우먼 필립스가 잠에서 깨어났을 때는 불 켜진 방에 손님이 찾아와 있었다. 긴 외투를 입은 키 큰 남자가 가죽 손가방을 열어 창문 아래 기다란 나무 의자 위에 물건들을 늘어놓고 있었다. 컵과 천 조각과 칼이었다. 무뎌져 있던 굿우먼의 의식이 불현듯 맑아졌다. 그녀는 이 남자가 누구이며 왜 이곳에 있는지 짐작할 수 있었다.

"피는 뽑지 않을래요."

굿우먼은 단호하고 분명하게 말하고 싶었지만 자신의 귀에도 그 목소리는 불분명하고 기운 없이 들렸다. 의사는 몸을 돌려 차분한 눈길로 그녀를 내려다보았다.

"필립스 부인, 남편분과 아들분이 당신을 진찰해 달라고 저를 불렀습니다. 벌써 며칠이나 열에 시달리고 있잖아요. 이럴 때 가장 좋은 치료법은 피를 뽑는 것입니다. 체액의 균형을 맞춰야 하니까요. 장담하지만 이게 최선의 방법입니다."

의사는 굿우먼에게 가까이 다가갔다. 의사의 손에서 칼날이 번득였다. 그다음 순간 의사는 부드럽고 신속한 동작으로 굿우먼의 팔을 내리그었다. 받쳐 둔 컵 안으로 피가 뚝뚝 흘러내렸다. 굿우먼은 베개에 머리를 털썩 떨구었다. 순간 방 전체가 눈앞으로 치솟았다가 기울더니 빙빙 돌기 시작했다. 어지럼증을 견디지 못한 채 신음 소리를 내며 눈을 감았다. 의사가 말했다.

"정신을 잃었군요. 오랫동안 열에 시달려 온 환자라면 흔히 있는 일입니다. 이제 피 뽑는 일이 너무 늦지 않았기를 기도하는 수밖에 없습니다."

우리 몸 체액 이야기

고대부터 19세기까지는 의사가 누군가에게 체액의 균형이 맞지 않는다고 말하면 이는 곧 그 사람의 건강에 문제가 있다는 뜻이었다. 체액설(說)은 서구 의학을 구성하는 핵심 개념 중 하나였다. 고대 그리스 의학자들이 처음으로 제안한 이 체액설에 따르면 사람의 몸에는 네 종류의 체액이 존재한다. 흑담즙과 황담즙, 피와 점액이다. 이 체액의 구성 비율은 사람마다 다르며 건강을 유지하려면 체액의 비율을 일정하게 유지해야 했다. 병을 치료하는 일은 어떻게 체액의 균형을 제자리로 돌려놓는가의 문제였다. 바로 여기에서 환자의 피를 뽑는 사혈 치료의 개념이 등장했다.

그러나 굿우먼은 두 번 다시 눈을 뜨지 못했다. 1664년 크리스마스 전날의 정오 무렵, 굿우먼 필립스는 숨을 거두었다.

페스트의 표식

굿우먼이 숨을 거둔 그날 오후, 이웃집 여자가 굿우먼의 시체를 씻고 장례 준비를 하기 위해 필립스네를 찾아왔다. 필립스네 가족 누구도 땅이 꽁꽁 얼어붙은 한겨울에 어떻게 시체를 매장할지에 대해 전혀 생각지 못하고 있었다. 나중에 밝혀지게 되지만 가족들은 이 문제에 대해 전혀 염려할 필요가 없었다. 굿우먼의 잠옷을 벗기던 이웃집 여자는 깜짝 놀라 숨을 삼켰다. 죽은 여자의 가슴과 등에 크고 붉은 반점이 흩어져 있었기 때문이다. 게다가 오른쪽 겨드랑이에는 자줏빛으로 부풀어 오른 멍울이 눈에 띄었다. 당황한 여자가 우는 소리로 중얼거렸다.

"아니, 이건 가래톳! 페스트의 표식이잖아. 지금 여기 내 손만큼이나 확실해. 여긴 페스트가 퍼진 집이야. 오, 하느님. 우리를 불쌍히 여기소서!"

여자는 즉시 몸을 돌려 집 밖으로 뛰쳐나갔다. 그리고 이 소식을 사람들에게 알리기 위해 서둘러 교구 사무실로 달려갔다. 얼마 지나지 않아 교구 조사원이 필립스네 오두막의 문을 두드렸다. 필즈의 세인트 자일스 교구에서는 누군가 사망한 경우 의무적으로 교구 조사관이 사망자의 집을 찾아가 고인의 시체를 조사한 다음 교구 서기에게 보고해야 했다. 그러면 교구 서기는 교적부에 죽은 이의 사인(死因), 즉 죽음에 이르게 된 원인을 기록했다.

119개 구역으로 나뉘어 있던 런던의 각 교구에는 교구 내 주민의 출생과 사망을 기록하는 교적부가 있었다. 이 두툼한 장부는 노화, 사고, 질병 등 가지각색의 사인으로 채워졌다. 그 갖가지 죽음의 방식 중에서 1664년 당시 가장 큰 두려움의 대상이 되었던 것은 바로 페스트(plague, 이 병에 걸리면 살이 검게 썩으며 사망하는 일이 많아서 '검은 죽음Black Death', 즉 흑사병黑死病이라고도 불린다-옮긴이)였다. 일단 페스트가 퍼지기 시작하면 어느 누구도 막을 수 없었다. 페스트는 불처럼 빠르게 이웃으로 번져 나가 고작 몇 주일 만에 도시, 또는 나라 전체까지도 집어삼킬 수 있었다.

그날 필립스네를 찾아온 세인트 자일스 교구의 조사관은 늙어 꼬부라진, 주름이 쭈글쭈글한 노인이었다. 이 노인은 지독하게 가난했지만 그런 형편에도 돈이 한 푼이라도 생기면 주점에 들러 맥주를 사 마셨다. 이 노인에게 동전 한두 닢만 쥐여 주면 교구의 서기에게 보고되는 사인을 가족이 바라는 대로 바꿀 수 있다는 소문이 동네에 파다하게 퍼져 있었다. 돈 몇 푼이면 자살을 사고사로 둔갑시킬 수 있었고 심지어 페스트를 단순한 열병으로 처리할 수도 있었다. 그러나 필립스네는 노인에게 쥐여 줄 돈이 단 한 푼도 남아 있지 않았다. 아들들이 의사를 불러 어머니의 피를 뽑는 데 가진 돈 전부를 써 버렸기 때문이었다.

늙은 조사관은 술에 취한 눈으로 굿우먼 필립스의 사체를 유심히 들여다보다 페스트의 표식을 발견하고는 깜짝 놀라 몸을 비틀거렸다. 혼자 무어라 중얼대면서 휘청거리는 걸음으로 필립스네를 나선 노인은 얼마 지나지 않아 교구 직원들을 이끌고 다시 나타났다. 교구 직원들은 서둘러 굿우먼의 사체를 집에서 끌어냈다. 그러고는 죽은 여인의 남편과 아들들을 집 안에 가둔 채 집의 모든 문과 창문을 판자로 막기 시작했다. 이제 교구에서 이 집이 페스트로부터 안전하다고 판단하기 전까지는 아무도 이 집을 나설 수 없었다.

과거에서 돌아온 재앙

'흑사병'이라는 말은 많이들 들어봤을 것이다. 흑사병은 중세 시대에 범유행한 페스트를 이르는 말로, 당시 유럽 인구의 3분의 1 가까이가 이 병에 걸려 목숨을 잃었다. 하지만 페스트의 범유행이 중세 시대에만 일어난 것은 아니다. 세계는 모두 세 차례의 페스트 범유행을 겪었다.

처음으로 크게 유행한 페스트는 '유스티니아누스 역병(Plague of Justinian)'이라는 이름으로 알려졌다. 로마 황제 유스티니아누스 1세(Justinianus I)의 이름을 딴 이 페스트는 541년 콘스탄티노플(현재 터키의 이스탄불)에서 처음 발생했다. 이 병은 콘스탄티노플을 휩쓸고 지나면서 하루에 5,000명의 목숨을 앗아 갔고 스페인, 이탈리아, 아프리카, 중동 지역으로 퍼져 나갔다. 그 후 3년 동안 5,000만 명에 이르는 사람들이 페스트로 목숨을 잃었다.

그 이후에도 페스트가 간간이 발생하기는 했지만 다시 범유행한 것은 1347년의 일이다. 당시 유럽에 페스트를 퍼트린 것은 무역 상인들과 침략군이었다. 그 무렵에는 흑사병으로 불리던 페스트로 인해 마을들이 완전히 몰락했고 논밭의 농작물이 수확되지 못한 채 버려졌으며 무역이 중단되었다. 어떤 역사학자들은 이 범유행으로 유럽 인구의 3분의 1이 사망했다고 추정한다. 인구수가 원래대로 회복하기까지는 200년이 걸렸다.

그다음 페스트 범유행은 1855년에 발생했으며 100년 동안 이어졌다. 증기선에 숨어들어 간 쥐들이 이 병을 대륙 너머까지 퍼트려 모든 대륙에 있는 항구 도시에서 발생했다. 당시 1,500만 명이 넘는 사람들이 페스트로 목숨을 잃었다.

앞으로 페스트의 네 번째 범유행이 닥쳐올까? 있을 수 없는 일이라고 말할 수는 없지만 가능성은 상당히 낮은 편이다. 오늘날 페스트는 항생제로 치료가 가능할뿐더러 현대적 위생 관념이 도입되면서 도시들이 훨씬 깨끗해지고 쥐의 수도 많이 줄어들었기 때문이다.

27

어둑어둑해진 집 안에서는 굿맨 필립스와 그 아들들이 창문을 막은 판자에 못이 하나하나 박히는 소리를 귀 기울여 듣고 있었다. 마침내 못 질 소리가 멈추고 붓으로 무언가를 그려 넣는 소리가 들려왔다. 필립스 가족은 교구 직원 중 한 사람이 오두막의 문 위에 커다랗게 붉은 십자가를 그려 넣은 다음 '하느님, 우리를 불쌍히 여기소서.'라는 문구를 써 넣고 있다는 것을 잘 알고 있었다. 이는 이웃의 모든 이에게 이 집이 페스트의 저주를 받았다는 사실을 알리는 표시였다.

크리스마스이브, 필립스네 오두막에는 정적만이 흘렀다. 굿우먼의 남편과 아들들은 이제 운명에 맡기는 것밖에 달리 할 수 있는 일이 없음을 너무나 잘 알고 있었다. 과연 누가 다음 희생자가 될 것인가.

이웃 사람들은 문과 창문이 판자로 둘러막힌 필립스네 오두막을 지나기 꺼려 하면서 종종거리며 길을 건넜다. 집에 가까이 다가갔다가 페스트가 옮기라도 할까 봐 두려워하는 모습이었다. 사람들의 머리 위로 펼쳐진 하늘에는 불길한 징조가 다시 모습을 드러냈다. 타는 듯한 혜성이 어두운 밤하늘을 가로지르고 있었다. 도대체 이 흉조가 의미하는 바는 무엇일까? 앞으로 어떤 끔찍한 일들이 닥치게 될까?

흥미로운 소식

필립스네 집이 봉쇄된 지 일주일이 조금 넘은, 새해를 맞은 지 얼마 되지 않았을 무렵이었다. 존 그랜트(John Graunt)는 런던에 있는 자신의 가게를 나와 거리로 나섰다. 그는 얼어붙을 정도로 차가운 1월의 바람을 맞으며 덜덜 떨고 있던 누더기 차림의 소년들 중 한 명에게 동전을 던져 주었다.

"얘야, 모퉁이에 있는 커피하우스로 가서 '사망표' 한 부를 가져다주지 않을래? 바로 오늘 아침, 올해의 첫 사망표가 나왔을 거야. 빨리 보고 싶어 참을 수가 없어야지. 서둘러 다녀오면 심부름 값을 후하게 쳐주마."

소년이 자갈 깔린 길을 달려가는 모습을 지켜보면서 그랜트는 런던의 각 교구에서 한 주 동안 일어난 출생과 사망의 기록을 모아 놓은, 무미건조한 통계 수치가 나열된 사망표가 런던 전역의 독자들에게 큰 인기를 끌고 있는 상황이 참으로 신기하다고 생각했다. 그랜트가 이런 생각을 떠올린 것은 이번이 처음이 아니었다. 매주 커피하우스와 선술집에서 사람들이 나누는 대화는 반드시 사망표에 실린 최근 소식으로 흘러가기 마련이었다. 특히 특이한 사망 소식이 실리기라도 하는 날에는 반드시 이야깃거리가 되었다.

사망표를 훑어보는 일은 언제 어느 때고 즐거운 일이었지만 특히 이번 주에는 흥미를 끌 법한 사망자의 소식이 있다는 이야기가 돌아 존 그랜트는 한층 기대에 차 있던 참이었다. 숨을 헐떡이며 돌아온 소년으로부터 사망표를 건네받은 뒤 흥미로운 사망자의 소식이 실린 부분을 찾아내기까지는 그리 오래 걸리지 않았다.

"페스트로 인한 사망-1명."

17세기 중반에는 페스트로 죽는 경우가 그리 드물지 않았다. 누군가 페스트에 걸려 죽으면 그 인근 동네에 불안감이 감돌기는 했지만 그렇다고 해서 반드시 페스트가 크게 유행하는 것은 아니었다. 실제로 런던에서는 벌써 20여 년 가까이 페스트가 유행하지 않고 있었다. 그리고 존 그랜트

29

는 물론 누구나 잘 알고 있는 사실이지만 페스트가 가장 맹위를 떨치는 시기는 추운 한겨울이 아니라 무더운 여름철이었다. 하지만 신중을 기하기 위해서 그랜트는 다음 몇 달 동안 사망표를 한층 더 유심히 살펴보기로 결심했다.

그 춥고 암울한 겨울이 지나는 동안, 사람들이 모두 하늘만 바라보고 있을 무렵 존 그랜트는 언제 페스트가 크게 유행할지 알려 줄 징후를 찾아 도시에서 발생하는 사망자의 목록을 꼼꼼하게 살펴보고 있었다.

사망표에서 단서를 찾다

당시 런던의 다른 사람들은 미처 알아차리지 못했지만 존 그랜트는 알고 있던 무언가가 있었을까? 실제로 몇 가지가 있었다.

그랜트는 포목과 잡화를 취급하는 유명한 상점의 주인이었다. 그랜트의 상점에서는 거칠기 이를 데 없는 면직물부터 결이 고운 견직물과 벨벳까지 온갖 종류의 천과 함께 단추, 실, 색색의 리본 등을 팔았다.

그러나 활동적인 정신을 지닌 그랜트는 상점을 성공적으로 운영하는 것만으로는 만족하지 못했다. 그는 과학자나 학자가 되기를 꿈꿨다. 상점 문을 닫고 가족들도 모두 잠든 기나긴 저녁 시간 동안 그랜트는 어떤 주제로 연구를 해야 학자로서 이름을 날릴 수 있을지 궁리했다. 예전부터 사망표에 흥미를 느껴 온 그는 매주 발행하는 사망표를 몇 년분이나 모아 두고 있었다. 1650년대 후반 그랜트는 이 먼지 쌓인 인쇄물 더미에 담긴 정보를 어떻게 활용할 수 있을지 고민하기 시작했다.

그랜트는 사업가로서 고객의 정보를 파악하는 일이 얼마나 중요한지 잘 알고 있었다. 그는 매년 몇 명의 아기가 태어날지 어림잡아 파악하고 있어야 했다. 그래야 아기의 세례복에 쓸 올이 고운 리넨 천을 알맞게 준비할 수 있기 때문이었다. 또 1년 동안 얼마나 많은 사람이 죽을지 예측할 수 있어야 상복을 지을 옷감을 넉넉히 준비해 둘 수 있었다. 당시에는 이런 유의 정보를 얻을 만한 자료가 없었다. 그래서 그랜트 또한 다른 상점 주인과 마찬가지로 물건을 주문할 때 오직 자신의 직감과 경험에만 의존해야 했다. 그러나 일찍이 페스트가 기승을 부렸던 1592년부터 매주 발행되어 온 사망표에는 바로 그랜트가 바라던 정보가 실려 있었다. 그랜트는 매주 사망표를 꼼꼼하게 살펴보며 태어난 사람과 사망한 사람의 수를 계산해 평균치를 추정한다면 사업에 활용할 수 있는 어떤 경향을 찾아낼 수 있을 것이라고 생각했다.

이런 사실을 깨달은 이후 그랜트는 런던의 출생과 사망에 대한 정보를 그 밖에 얼마나 많은 용도로 활용할 수 있을지 고민하기 시작했다. 한 해의 사망자 수와 사망 원인을 다른 해와 비교한다면 1년 동안 얼마나 많은 사람이 사망하는지에 대한 경향뿐만 아니라 사망 원인에 대한 경향을 파악할 수 있을지도 모를 일이었다.

그는 마침내 자신의 연구 주제를 찾았다고 생각했다.

놀라운 발견

그랜트는 지난 60년 동안 발행된 사망표를 전부 모아 면밀히 분석하면서 그 속에 숨은 비밀을 찾기 위해 고군분투했다. 그리고 마침내 1662년 그는 《사망표의 제 관찰-역병과 환경의 경제성 분석》이라는 고상한 제목의 얇은 책자를 출간했다.

책은 출간 즉시 큰 성공을 거두었고 그랜트는 그토록 바라 마지않던 명성을 손에 넣었다. 1663년 그랜트는 입회하기 어렵기로 유명한 과학자 학회에 들어갔다. 바로 '자연과학 진흥을 위한 런던 왕립학회'였다.

그는 겸손하게도 자신의 연구를 '소매상의 수학(shopkeeper's mathematics)'이라고 표현했지만 그를 왕립학회의 일원으로 추천한 사람은 다름 아닌 국왕이었다. 어쩌면 찰스 2세는 그랜트에게 감사의 마음을 표했던 것인지도 모른다. 그의 계산 덕분에 페스트에 관한 가장 끈질긴 소문 중 하나가 사실이 아니라는 점이 분명하게 밝혀졌기 때문이다. 바로 대관식을 치르고 나면 페스트가 돌기 마련이라는 소문이었다. 물론 대부분의 사람은 이에 아랑곳하지 않고 그 소문을 계속 믿었지만 그랜트의 연구 덕분에 국왕은 적어도 과학을 자신의 편으로 삼을 수 있었다.

그렇다면 그랜트의 가장 위대한 업적은 무엇일까? 바로 페스트가 유행할 해를 예측하는 방법을 알아낸 일이었다. 이는 그야말로 세상을 뒤바꿀 수 있는 발견이었다. 한 세기가 넘는 동안 런던에는 약 20년에 한 차례씩 페스트가 돌았고 그때마다 도시는 황폐해졌다. 수만 명의 사람들이 목숨을 잃었으며 도시에 남은 사람들 또한 언제 페스트가 유행할지 몰라 전전긍긍하며 살아야 했다.

그랜트는 사망표를 연구하던 중에 페스트가 유행하기 몇 달 전부터 다양한 원인으로 죽은 사망자가 평소보다 눈에 띄게 증가한 사실을 발견했다. 그는 이런 시기를 '병든 해(sickly years)'라고 불렀다. 그리고 1664년 겨울, 런던에서는 깊이 병든 해가 시작되고 있었다. 페스트로 인한 사망은 최초로 보고된 필립스의 죽음에서 끝나지 않을 터였다. 그랜트는 이 점을 확신했다.

'병든 해' 가설

존 그랜트가 페스트가 유행할 해를 예측할 수 있었던 건 런던 시내에서 사망 통계가 수집되는 구조를 잘 알고 있던 덕분이었다. 당시에는 검시관(사망 원인을 전문적으로 조사하는 사람)이라는 직업이 존재하지 않았다. 그리고 공식적인 사망 증명서를 작성할 의사가 임종의 자리에 함께하지 못하는 경우도 흔했다. 가난한 사람들의 경우에는 특히 그랬다. 몇십 년 전에 영국의 국왕 제임스 1세는 '영예로운 교구 직원 일동'에게 런던 시내와 인근 지역에 있는 각 교구에 출생자와 사망자를 사망 원인과 함께 기록하여 보고하라는 명을 내렸다. 하지만 고작 몇십 명에 불과한 교구 직원들이 무슨 수로 런던 골목골목에서 태어나고 죽은 사람들을 매주 일일이 확인할 수 있었겠는가. 국왕은 이 문제를 직원들이 알아서 해결하도록 놔두었다. 결국 교구 직원들은 굿우먼 필립스의 오두막을 방문한 노인과 같은 조사관을 고용하기에 이른다.

존 그랜트가 보기에 이 구조에는 두 가지 중대한 약점이 있었다. 첫 번째 약점은 교구 조사관이 의학 지식을 갖추고 있는 경우가 거의 없었다는 점이다. 그 결과 조사관은 일부의 사례에서는 사인을 비교적 정확하게

기술역학

전염병학에서는 병이 발생하는 상황에 관한 큰 그림을 그려 내는 능력이 중요하다. 환자 한 명 한 명의 병을 치료하기 위해 노력하는 대신(이는 의사들이 할 일이다) 전염병학자들은 어떤 사람들이 병에 걸리는지, 병에 걸리는 이유는 무엇인지, 병이 어떻게 퍼져 나가며 어떻게 하면 병의 확산을 막을 수 있는지 알아내기 위해 일한다.

오늘날 대부분의 나라는 희귀 질환이나 전염성 질환의 발생과 이로 인해 생긴 사망자를 추적하는 정교한 체계를 갖추고 있다. 그러나 1665년 무렵에는 이런 유의 정보를 알아낼 길이 없었다. 존 그랜트는 도시 또는 국가 차원에서 질병과 맞서 싸우는 데 있어 통계가 얼마나 중요한 역할을 하는지를 인식한 영국 최초의 인물이다.

1665년 사망표에 대한 그랜트의 분석은 '기술역학(전염병학은 전염병 역학자를 써서 역학이라 부르기도 한다-옮긴이)'의 최초 사례 중 하나로 손꼽힌다. 기술역학은 질병 발생 조사의 첫 단계다. 이 단계에서 과학자들은 현 상황을 파악하고 질병 발생에 관한 큰 그림을 그리기 위한 정보, 즉 언제, 어디에서, 누구에게 병이 발생했는지에 관한 정보를 수집한다. 이러한 질문들에 대한 답을 통해 전염병학자들은 전염병이 어떻게 퍼져 나갔는지 단서를 얻을 수 있으며, 이 정보들을 이용하여 질병과 맞서 싸울 수 있다.

규명할 수 있었지만(익사나 살인처럼 사인이 분명한 경우) 대부분의 경우에는 사인을 그저 짐작하는 데 그쳤다. 그런 탓에 사망표에는 재미있는 사인들이 기록되기도 했다. "이빨"이라든가 "상사병", "불운", "멍청함과 그 외" 같은 사인도 있고, 알기 쉽고 단순한 "죽은 채 발견됨"이라는 사인도 있었다.

이 구조의 또 다른 약점은 교구 조사관이라는 위험하고 천대받는 일을 기꺼이 맡으려는 사람은 가난한 사람밖에 없었다는 점이다. 게다가 조사관 일은 품삯도 박했다. 이 말은 곧 누구나 쉽게 조사관을 매수할 수 있었다는 뜻이다. 실제로 누군가 페스트로 사망한 경우 그 희생자의 가족들은 서둘러 조사관을 매수해 사인을 덮어 둘 필요가 있었다. 그렇게 하지 않으면 가족들 또한 집 안에 꼼짝없이 갇혀 페스트에 걸리기만을 기다리는 운명에 처하게 된다는 걸 잘 알고 있었기 때문이다. 술 한잔 값에 동전 몇 푼만 더 얹어 주면 대부분의 조사관은 기꺼이 유족이 제안하는 대로 사인을 받아 적었다.

그랜트는 실제로 페스트로 인한 사망의 약 20퍼센트 정도가 '실수'로 다른 사인으로 기록되었다고 추정했다. 이 말은 곧 런던을 주기적으로 휩

머릿니 때문에 죽을 수 있다고?

17세기 런던 사람들이 사망한 원인에 페스트만 있는 것은 아니었다. 사망표에는 여러 유별난 사인이 기록되어 있었다. 그중 어떤 사인들은 오늘날 부고 기사에서는 좀처럼 찾아볼 수 없는 것이었다. "위 멈춤", "장 꼬임", "머릿니에 먹힘" 같은 사인도 있고, 영문을 알 수 없는 "편자 머리" 같은 사인도 있었다.

쓸었던 페스트가 사망표에 공식적으로 기재된 기록에서 보이는 것보다 훨씬 더 오랜 준비 기간을 두고 나타났다는 뜻이다.

그랜트는 또한 교구 직원이 영국 국교회의 소속이었던 만큼 국교회 신도의 출생과 사망만을 기록했다는 점에 주목했다. 1665년 당시 런던 시민은 대다수가 영국 국교회 신자였지만 다른 종교를 지닌 사람들, 즉 유대인과 가톨릭교도, 퀘이커교도, 비국교도 또한 그 수가 적지 않았다. 이런 집단에 속한 사람들의 기록이 사망표에서 누락되었다는 것은 수집된 통계자료에 상당한 빈틈이 존재한다는 사실을 의미했다.

가장 추웠던 그 겨울이 지나고 봄이 오는 동안 런던에서는 페스트로 사망한 사람이 드문드문 몇 명 더 나왔다. 날씨가 한층 따스해지기 시작하면서 희생자는 점차 늘어났다. 6월 첫째 주가 되자 사망표에 기록된 "페스트로 인한 사망"은 43명으로 늘어났다. 이는 그 이전 1년 동안 페스

목숨을 건지려면 거리를 두어라

1665년 여름 동안 런던에서 사망자가 급격하게 증가하자 국왕은 페스트 확산을 억제하기 위해 행동에 나섰다. 장례식을 포함한 모든 모임을 금지한다는 포고문을 발표했다. 극장과 술집은 물론 대학들도 문을 닫아야 했다. 의회 또한 취소되었고, 모든 상업 활동이 중단되었다. 스코틀랜드는 페스트가 전파되는 것을 막기 위해 잉글랜드로 통하는 국경을 봉쇄했다.

정부가 개입한 결과 수많은 사람이 일자리를 잃었다. 하지만 그보다 더 많은 사람이 이 사회적 거리 두기의 때 이른 시행 덕분에 목숨을 건졌다. 사회적 거리 두기는 전염병 확산을 막는 효과적인 방법으로, 오늘날까지 전염병이 유행할 때마다 계속해서 시행하고 있다.

트로 사망한 희생자의 수와 맞먹는 숫자였다. 그다음 주가 되자 사망자 수는 112명으로 치솟았다.

얼마 지나지 않아 도시를 떠날 여력이 있는 사람들은 짐을 싸기 시작했다. 사업 때문에 도시에 남아 있어야 하는 가장들은 아내와 자녀를 시골로 보냈다. 국왕을 비롯한 궁정 식구들 또한 런던을 떠났다. 의회 개회도 취소되었다. 하지만 존 그랜트는 런던에 남았다. 가게를 돌봐야 하기도 했지만 그보다 매주 여러 교구에서 들어오는 정보를 계속 지켜보고자 했다. 페스트가 유행하는 해에 앞서 병든 해가 찾아온다는 그랜트의 가설이 그 자신의 눈앞에서 이제 막 증명되려는 참이었다.

텅 빈 거리

7월 중순이 되자 런던에서 페스트로 목숨을 잃은 사람이 일주일에 1,000여 명으로 늘어났다. 9월이 되자 희생자는 하루에 1,000명이 넘을 정도로 증가했다. 8월 말 새뮤얼 피프스(Samuel Pepys)라는 런던 시민은 자신의 일기에 다음과 같이 썼다.

"지금 거리에서는 사람의 모습을 거의 찾아볼 수 없다. 간혹 눈에 띄는 사람들조차 세상을 버린 이들처럼 걸어 다닌다."

피난할 수 있는 이들이 모두 떠나 버린 도시는 적막감만이 감돌았다.

피프스는 영국 해군에 물자를 납품하는 성공한 사업가였다. 그러나 다른 부유층과 달리 그는 페스트가 한창 기승을 부릴 무렵에도 런던을 떠나지 않고 도시에 머물면서 일기에 자신의 감상을 기록했다. 거의 2세기가 지난 이후에 출간된 피프스의 일기는 그 끔찍했던 시절에 런던 시민들이 어떻게 살았는지를 가장 잘 보여 주는 기록으로 손꼽힌다. 페스트가 도시 전역에서 기승을 부리던 가을, 피프스는 이렇게 기록했다.

"하느님이시여, 이 얼마나 음침하고 텅 빈 거리인가. 거리에는 온몸이 종기로 뒤덮인 가난하고 병든 이들이 나앉아 있다. 거리를 걷다 보면 온통 슬픈 이야기들이 들려온다. 모든 사람이 죽은 이에 대해서, 병든 이에 대해서 이야기한다. 병든 이들은 여기에도 많고 저기에도 많다. 웨스트민스터에는 의사가 한 명도 남아 있지 않고, 약사도 한 명밖에 남지 않았다고 한다. 전부 죽은 것이다. 하지만 이번 주부터 희생자가 크게 줄었기에 희망이 보인다. 하느님께서 보내 주신 희망이다."

가을이 저물고 겨울이 오면서 날씨가 점점 추워졌고, 페스트로 죽는 사람들도 점차 줄어들기 시작했다.

그해가 저물고 도시를 떠났던 이들이 조심스레 돌아오기 시작할 무렵 존 그랜트는 《런던의 무시무시한 재난-올해의 사망표 모음집》이라는 소책자를 출간했다. 이 책에서 그는 무시무시했던 전염병 유행의 결과를 분석했다. 페스트가 덮치기 전의 인구가 45만 명이었던 도시에서 그해 12월까지 페스트로 사망했다고 기록된 사람이 무려 6만 8,000명에 이르렀다. 런던 전체 인구의 15퍼센트가 페스트로 희생된 것이다.

치료법은 없다

역사상 처음으로 누군가 통계치를 신중하게 분석한 덕분에 페스트의 비밀이 조금이나마 밝혀졌다. 존 그랜트의 업적은 수백 년이 지난 뒤에도 과학자들 사이에서 널리 기억될 터였다.

그러나 그랜트의 업적에도 불구하고 1665년 당시 페스트의 정체는 여전히 수수께끼로 남아 있었다. 페스트는 어떻게 시작하여, 어떻게 퍼져 나가는 것일까? 병균에 감염된 공기를 마시면 걸리는 것일까, 아니면 환자와의 접촉으로 전염되는 것일까? 그것도 아니면 먹고 마시는 음식물을 통해 감염되는 것일까? 가장 두려운 가능성으로, 런던 시민들이 이토록 고통을 겪는 것은 그저 하느님의 뜻이기 때문일까?

그 당시에는 의학 지식이 기초 수준을 벗어나지 못했기 때문에 사람들은 온갖 종류의 가설을 심각하게 받아들였다. 페스트를 예방하는 방법도 가지각색이었다. 어떤 의사는 금이 병원균을 막아 준다고 생각해 페스트 환자를 치료하는 동안 금화를 입에 물고 있었다. 환자가 있는 병실을 소독하기 위해 허브나 향신료를 식초나 타르에 섞어 태워야 한다고 권하는 의사들도 있었다. 수많은 사람이 담배가 공기를 정화시켜 준다고 믿으며 담배를 씹거나 피웠다. 명문 사립학교인 이튼에서는 매일 아침 기도하기 전에 담배를 피우라는 '숙제'를 잊어버린 학생에게 벌을 주기도 했다. 보호 부적을 지니고 다니는 사람들도 있었는데, 부적 중에는 두꺼비 독을 넣은 것도 있었다.

사기꾼들은 남의 말을 잘 믿는 사람들과 너무 절박해 무엇이든 믿고 싶어 하는 사람들에게 온갖 종류의 약을 팔았다. 특효약이라고 주장하는 것 중에는 유니콘의 뿔 가루, 불사조의 알, 낙타의 콩팥에서 꺼낸 돌까지 있었다.

그러나 소위 말하는 예방책에 비해 치료법은 그리 많지 않았다. 사혈 치료를 받다가 피를 너무 많이 흘려서 죽는 환자들이 속출했지만 의사들은 이 치료법을 포기하지 않았다. 환자에게 땀을 흘리게 하는 치료법은 피를 뽑는 것만큼 생명을 위협하지는 않았지만 불쾌하기 짝이 없는 치료

그랜트의 유산

페스트가 유행하는 해에 앞서 병든 해가 찾아온다는 존 그랜트의 발견 덕분에 우리는 전염병의 발생을 정확하게 추적하는 방법에 대한 지식을 한층 넓힐 수 있었다. '의사와 보건 분야 공무원은 사망률이 별다른 이유 없이 증가하는 현상을 눈여겨봐야 한다'라는 그랜트의 충고는, 그랜트 시대 이후 전염병학자들이 병의 발생을 이해하고 추적하며 병의 확산을 막는 데 큰 역할을 했다. 적어도 대부분의 경우에는 그랬다. 그러나 간혹 그랜트의 충고에 따르기 어려웠던 경우도, 그 충고를 아예 잊어버린 경우도 있었다.

하나의 예로 20세기 초 전 세계를 휩쓸고 지나간 스페인독감이 있다. 당시 조사관이었던 웨이드 햄프턴 프로스트는 스페인독감이 전 세계에 퍼지고 난 다음에야 스페인독감이 유행하기 몇 달 전부터 미군 부대에서 나타났다고 보고된 폐렴 환자의 수가 이례적일 만큼 크게 증가했었다는 사실을 발견했다. 프로스트는 당시 의사들이 폐렴으로 진단했던 병이 실제로는 스페인독감의 초기 증상이었을 가능성이 높다는 사실을 깨달았지만 이미 일은 벌어진 후였다. 누군가 존 그랜트의 가르침을 기억했더라면 스페인독감의 유행을 초반에 막을 수 있었을지도 모른다. 의사들이 갑작스럽게 폐렴 환자가 급증하는 이유를 제때 조사했더라면 이 병의 정체를 더 빨리 규명해 냈을지도 모르는 일이다. 스페인독감은 미국 전역의 군부대를 휩쓴 뒤 1918년 겨울, 전 세계로 퍼져 나가 100만 명이 넘는 희생자를 냈다.

2019년 중국 우한시의 의사들은 평소보다 폐렴 환자가 크게 증가한 사실을 알아차리고 재빨리 보건 당국에 보고했다. 또 다른 범유행이 닥쳐오지 않기를 바라는 마음에서였다. 하지만 바이러스는 그보다 한발 앞서 있었다.

법이었다. 이 치료법은 페스트에 걸리면 열이 나므로 그 열로 병을 치료해야 한다는 생각에 기반을 두고 있었다. 사람들은 땀을 흘림으로써 몸속의 병독을 씻어 낼 수 있다고 믿었다.

이런저런 치료법이 모두 듣지 않으면 아편을 이용했다. 아편을 쓰면 적어도 환자의 고통은 덜어 줄 수 있었다. 아편마저 듣지 않을 경우에 남은 방법은 오로지 기도하는 것뿐이었다.

페스트와 면화의 관계

1665년 런던에 페스트가 어떻게, 또 왜 발생했는지에 대해서는 어느 누구도 정확하게 알지 못한다. 다만 한 가설에서는 네덜란드에서 수입한 면화 꾸러미와 함께 페스트에 감염된 쥐와 벼룩이 영국으로 들어왔다고 주장한다. 런던 대역병이 발생한 바로 전 1663~1664년 사이 네덜란드 암스테르담에서 페스트가 크게 유행해 5만 명이 넘는 사람들이 목숨을 잃었다.

런던 대역병의 첫 번째 희생자가 나온 장소 또한 이 가설을 뒷받침하는 근거다. 필즈의 세인트 자일스 교구는 수많은 항만 노동자가 살던 곳이었다. 이들은 배에서 짐을 부리고 런던의 심장부에 있는 각종 상점으로 화물 꾸러미를 운반하는 일을 했다. 이 일꾼들 가운데 몇 명이 페스트에 감염된 벼룩에게 물렸을 가능성도 있다. 참으로 알궂은 일은, 포목과 잡화를 취급하는 부유한 사업가 존 그랜트가 저녁에는 페스트의 확산 현상을 추적하는 한편 낮에는 자신의 가게에서 페스트를 옮긴 주범일지도 모를 면화로 만든 면직물을 팔았다는 점이다. 무역과 여행, 질병은 오래전부터 역사적으로 깊은 관계를 맺고 있다. 페스트균을 가지고 있는 쥐를 중앙아시아에서 유럽으로 들여온 범인은 무역 상인들이었다. 미국에 황열병을 퍼트리는 모기를 실어 나른 것은 노예선이었다. 그리고 오늘날에는 국제선 항공기가 바이러스에 감염된 사람들을 세계 곳곳으로 실어 나른다. 우리가 더 손쉽고 빠르게 여행하는 법을 찾아낼 때마다 질병이 더 쉽고 빠르게 퍼질 수 있는 방법을 마련해 주는 셈이다.

1665년 런던을 휩쓴 대역병(당시 유행한 전염병은 페스트의 일종인 것으로 알려져 있지만 학자에 따라 다른 병으로 해석하기도 한다. 따라서 일반적인 페스트와 구분하여 '런던 대역병'이라고도 지칭한다-편집자)이 1666년 초 잠잠해질 때까지 사람들이 떠나버린 런던의 거리에서는 짐수레가 자갈 깔린 길을 터덜터덜 오르내리며 페스트로 사망한 이들의 시체를 끊임없이 실어 날랐다. 존 그랜트의 우울한 계산에 따르면 그해 런던 전역을 통틀어 세례를 받은 아기는 9,967명에 불과한 데 비해 사망자는 무려 9만 7,306명에 달했다. 과연 런던은 이토록 큰 타격에서 회복할 수 있을까?

그랜트는 런던이 회복할 수 있으리라 확신했다. 그는 페스트가 아니어도 런던이 목숨을 부지하며 살기에 그리 좋은 곳은 아니었다는 사실을 지적했다. 원래부터 런던은 매년 태어나는 아기의 수보다 죽는 사람의 수가 훨씬 더 많았지만 그런 상황에서도 도시는 계속해서 커져 갔다. 런던 주변의 시골에 살던 사람들이 일거리와 풍족한 삶을 찾아 끊임없이 런던으로 흘러 들어왔기 때문이다. 그랜트는 몇 년 안에 런던의 인구가 원래대로 회복될 것이라고 예측했다. 그리고 그의 예측은 다시 한번 맞아 떨어졌다. 런던의 일상은 서서히 제자리를 찾아갔고, 사람들은 공포와 죽음의 해를 조금씩 잊어 갔다.

홍콩에서 해답을 찾다

페스트의 원인은 런던 대역병으로부터 200년이 지난 뒤에야 밝혀졌다. 지구 반대편에서 일어난 또 다른 페스트 유행의 한복판에서였다. 1894년 1월 홍콩에 선페스트(bubonic plague)가 크게 유행하여 그해 6월까지 8만 명이 넘는 사람들이 목숨을 잃었다. 당시 홍콩의 총독인 윌리엄 로빈슨(William Robinson) 경은 전 세계의 과학자들에게 이 고통받는 도시로 와서 페스트를 막을 해법을 찾아 달라고 호소했다. 일본의 저명한 과학자인 기타사토 시바사부로(北里 柴三郎)가 이 요청에 응했고 총독은 크게 기뻐했다.

홍콩의 과학자와 의사 들은 기타사토 전용 연구소를 마련하고 옆에서 일을 도울 직원들도 고용해 주었다. 그런데 이처럼 기타사토를 성대하게 환영하느라 야단법석을 떠는 바람에 사람들은 또 한 명의 과학자가 홍콩에 도착했다는 사실을 간과하고 넘어갔다. 바로 알렉상드르 예르생(Alexandre Yersin)이다. 예르생은 인도차이나 반도의 프랑스령 식민지(오늘날의 베트남과 캄보디아)에서 의료 활동을 해 온 스위스 출신의 세균학자였다. 예르생은 따뜻하게 환영받지도, 연구 공간을 지원받지도 못했다. 그는 기타사토의 연구소가 있는 으리으리한 건물 옆에 자비로 초라한 밀짚 오두막을 지어 연구 공간을 마련해야 했다.

기타사토가 예르생에 비해 훨씬 많은 지원을 받는 상황에서 두 과학자는 페스트의 원인을 밝힌 최초의 인물이 되기 위한 경쟁에 돌입했다. 두 사람의 경쟁이 얼마나 치열했던지, 기타사토는 예르생이 페스트로 사망한 환자의 사체에 접근하지 못하도록 수를 쓰기도 했다. 예르생은 연구에 필요한 페스트 환자의 혈액과 조직 표본을 손에 넣기 위해서 병원의 페스트 격리병동을 지키는 군인들에게 뇌물을 주어야만 했다.

그해 6월 두 과학자는 각각 자신이 페스트의 병원균을 성공적으로 분리해 냈다고 발표했다. 처음에는 기타사토가 최초 발견자의 영예를 안았다. 그러나 훗날 과학계는 예르생을 페스트의 병원균을 발견한 최초의 인물로 인정했다. 그리고 이 세균은 예르생의 공을 기리기 위해 그의 이름을 따 '예르시니아 페스티스(Yersinia pestis)'라고 명명되었다.

예르생은 선페스트의 전염에 있어 시궁쥐의 역할에 의문을 제기한 최

얼토당토않은 치료법

1665년 부유층과 중산층은 페스트에 걸렸을 때 의사라도 부를 수 있었지만 페스트로 쓰러진 수천 명의 가난한 사람들에게는 선택의 여지가 많지 않았다.

당시 출간된 몇몇 책과 소책자는 저렴한 치료법이나 집에서 만들 수 있는 '치료 약' 레시피를 소개했다. 1665년 왕립의과대학은 《페스트에 특효한 예방책과 치료 약에 관한 필요 지침》이라는 책을 출간했다. 이 책은 페스트의 주요 증상인 림프절의 붓기를 가라앉히는 확실한 방법을 소개했다.

"빈곤층도 시도해 볼 수 있는 좋은 치료법이 있다. 살아 있는 수탉이나 암탉, 비둘기 등의 꼬리에서 깃털을 뽑아낸다. 그다음 새의 부리를 꼭 쥔 채로 새를 멍울진 곳, 부어오른 곳에 바짝 붙인다. 환부에 새를 대고 새가 죽을 때까지 몸속의 독기를 빼낸다."

주위에 쓸 만한 새나 닭이 없다면? 대안이 있다.

"커다란 양파의 속을 도려낸 다음 잘게 자른 무화과를 채워 넣는다. 이를 젖은 종이로 싼 후 잿불에 굽는다. 뜨거운 상태로 종양 위에 바른다."

부자들 사이에서 가장 효과가 있다고 인정받았던 '치료 약'은 전설적인 베니스 특효약이었다. 여기에는 60여 가지의 재료가 들어가는데 그중에는 구하기 쉬운 재료도 있었지만(시나몬, 후추, 꿀, 정향 같은) 전혀 생소한 재료도 있었다(살모사의 살코기, 아편, 비버의 분비샘, 사해의 소금 등). 런던 특효약 또한 인기가 있었다. 커민(향신료)의 씨앗, 소귀나무 열매, 뱀풀의 뿌리, 정향, 꿀 등으로 만드는 런던 특효약은 저렴할 뿐만 아니라 만들거나 구하기도 쉬웠다.

초의 인물이기도 하다. 이 의문에 대한 답은 1987년 폴루이 시몽(Paul-Louis Simmond)의 연구에서 밝혀졌다.

시몽은 자신의 연구에서 열대쥐벼룩이 쥐와 쥐 사이에 페스트를 전염시키는 매개 동물임을 알아냈다. 그리고 이 벼룩은 더 이상 물 쥐가 없어

완벽한 짝, 도시와 질병

인류는 한곳에 정착해 살아가기 시작한 순간부터 질병을 일으키는 미생물에게도 문을 활짝 열어 주었다. 질병은 사람들이 붐비는 곳에서 쉽게 퍼져 나간다. 위생 시설이 없고 사람들이 밀집해서 살아가는 도시는 전염병이 유행할 수 있는 완벽한 환경이었다. 20세기까지 수많은 도시 거주민이 매년 전염병에 걸려 목숨을 잃었다. 시골에서 도시로 사람들이 꾸준히 유입되지 않았다면 대부분의 도시는 유령 도시가 되어 버렸을 것이다.

그중에서도 페스트는 사람들이 가장 두려워하는 병이었다. 그 치명적인 병은 보이지 않는 곳에서 불쑥 튀어나와 유행하는 것처럼 보였기 때문이다. 그리고 실제로 사람에게 페스트를 전염시키는 원인이 되는 매개 동물은 우리 눈에 거의 보이지 않을 정도로 작은 쥐벼룩이다.

쥐들은 사람들이 버리는 쓰레기에 이끌려 도시 안으로 들어왔고 성가신 친구들도 함께 데려왔다. 예르시니아 페스티스는 쥐의 배와 혈관 속, 그리고 쥐의 털에 붙어 있는 벼룩의 몸 안에 살고 있다. 벼룩이 예르시니아 페스티스에 감염된 쥐를 한번 물고 나면, 이 벼룩은 다음 먹이가 될 쥐나 사람에게 이 세균을 옮기게 된다. 사람들이 밀집해 살고 있는 비위생적인 환경의 도시에서는 쥐에 붙어 있던 벼룩이 쉽게 사람에게 올라탈 수 있었다. 수없이 많은 불운한 이들에게 벼룩에게 물린 상처는 그저 가려운 것으로 그치지 않았다. 그 상처는 치명적인 결과를 불러일으켰다.

도시 사이에 무역로가 자리 잡으면서 페스트에 감염된 쥐들 또한 무역상과 함께 곳곳의 도시들을 누볐다. 쥐들은 아시아와 유럽으로 퍼져 나간 끝에 1300년대 가래톳 페스트의 범유행을 일으켰고, 그 이후로도 계속해서 런던의 대역병을 비롯한 페스트의 유행을 일으켰다.

지면 사람에게 페스트를 옮기는 것으로 밝혀졌다. 시몽의 연구가 과학계와 의학계의 인정을 받기까지는 40여 년에 가까운 시간이 필요했지만, 마침내 페스트를 둘러싼 수수께끼가 모두 해결되었다.

오늘날의 페스트

오늘날에는 페스트에 걸려도 치료 시기를 놓치지 않고 항생제 치료만 받으면 완치될 수 있다. 그럼에도 페스트는 여전히 사람의 목숨을 앗아 가는 두려움의 대상으로 남아 있다.

1993년 인도의 남부와 중부 지방에 큰 지진이 일어나 벵갈루루와 봄베이, 하이데라바드, 마드라스 같은 대도시는 물론 수많은 중소도시와 마을이 큰 피해를 입었다. 그 여파로 지진 때문에 졸지에 집을 잃은 사람들이 몰리면서 거대한 빈민굴이 우후죽순 생겨났다. 사람들이 빽빽하게 모여 살던 빈민굴에는 시궁쥐 또한 득시글거렸다.

1994년 9월 수라트시에 위치한 한 거대한 빈민굴에 페스트가 유행하기 시작했고 55명이 페스트로 목숨을 잃었다. 이는 중세의 페스트 유행 당시 끔찍할 정도로 많았던 희생자 수에 비하면 극히 미미한 수치이지만 전 세계를 당황하게 하기에는 충분했다. 인도를 드나드는 민영 항공기의 운항이 중단됐고 인도의 주식 시세가 폭락했다. 교역이 중단됐고 언론에는 페스트가 다른 나라로 퍼져 나가 범유행으로 번질 가능성에 대한 추측들이 난무했다. 그러나 참 다행히도 인도의 페스트는 다른 나라로 퍼져 나가지 않았다.

페스트는 과거의 질병으로 여겨지고 있지만 전 세계에 분포한 쥐와 같은 설치류 동물들 사이에서 페스트균은 여전히 생생하게 살아남아 있다. 페스트는 마다가스카르섬을 포함한 아프리카 일부 지역에서 풍토병으로 나타난다. 이 지역에서는 매년 수백 명의 페스트 환자가 발생한다.

2017년에도 마다가스카르섬에서 페스트가 발생했다. 병을 추적한 결과 택시를 타고 여행을 하던 중에 증상이 나타난 한 남자가 원인이었다. 이 남자와 접촉한 서른한 명이 페스트에 감염되었고 그중 네 명이 사망했다. 세계보건기구에서는 페스트를 '재발생 가능 질병', 즉 계속해서 감시하고 경계해야 할 위험한 병으로 규정하고 있다.

통계에 중독되다

2020년 전 세계 사람들은 뉴스와 소셜 미디어를 통해 매일같이(그리고 매시간) 코로나19 신규 확진자 숫자에 촉각을 곤두세웠다. 1665년에도 사람들은 사망표에 기재된 사망자의 숫자를 지대한 관심을 가지고 살폈다. 매주 최소한 5,000부에 이르는 사망표가 인쇄되었고, 사람들은 가장 최근에 발행된 사망표를 손에 넣고는 어느 동네에 새로운 환자가 나타났는지, 혹시 페스트 유행이 잠잠해질 징후가 나타나고 있는지 들여다보았다.

"사망자는 이번 주 399명으로 늘어났다. 전 도시와 교외 지역에 걸쳐 전반적으로 증가했다. 우리는 모두 슬픔에 잠겨 있다."

1665년 11월 9일, 런던 시민 새뮤얼 피프스는 이런 글을 썼다. 뉴스와 소셜 미디어를 통해 코로나19로 인한 사망자 수를 계속 확인하는 이들은 피프스의 심정을 절절하게 공감할 수 있을 것이다.

세 종류의 페스트와 하나의 원인

페스트에는 세 가지 유형이 있다. 선페스트와 폐페스트(pneumonic plague), 패혈증 페스트(septicemic plague)다. 이 세 종류의 페스트는 모두 예르시니아 페스티스로 인해 발병한다.

가장 악명 높은 선페스트(가래톳 페스트)는 세 가지 페스트 중에서 치사율이 가장 낮다. 선페스트의 경우 세균은 림프계를 공격하기 때문에 환자의 목덜미와 겨드랑이, 사타구니 같은 림프절이 고통스럽게 부어오르고(일반적으로 사타구니에 생기는 멍울이나 종기를 '가래톳'이라고 한다) 피부에는 붉거나 자줏빛을 띤 반점이 나타난다. 17세기 영국에서는 이 반점을 페스트의 표식이라 여겼다. 림프절의 멍울이나 피부의 반점이 나타나기 전까지 환자는 열과 두통, 오한, 구토에 시달리며 극심한 탈진 증상을 보인다. 선페스트에 걸린 환자는 림프절에 멍울이 생기기 시작한 지 2주일 안에 절반 이상이 목숨을 잃는다.

폐페스트는 세균이 환자의 폐를 공격하는 병으로 환자의 기침이나 재채기를 통해 공기로 감염된다. 선페스트보다 치사율이 높아 이 병에 걸린 경우 대부분 목숨을 잃는다. 보통 이틀에서 나흘 사이에 사망하는데, 처음에는 열과 두통에 시달리다 피가 섞인 기침을 하게 된다. 그리고 폐에 물이 차 숨을 쉴 수 없게 되면서 사망에 이른다.

패혈증 페스트는 세균이 환자의 혈관을 공격하는 가장 보기 드문 유형의 페스트다. 이 경우 이렇다 할 증상이 나타나기도 전에 환자가 죽음에 이를 수도 있다. 증상이 있는 경우 환자는 열과 무기력증에 시달리며 입과 코로 피를 흘리고 내출혈을 일으킨다. 치료를 하지 않으면 일반적으로 하루가 지나기 전에 사망에 이른다.

오늘날에는 항생제 치료로 페스트 환자의 85퍼센트가 완치된다. 하지만 페스트를 치료하기 위해서는 반드시 감염된 지 24시간 안에 약물 투여를 시작해야 한다.

2
최초의
전염병 지도

1854년 런던의 콜레라

존 스노는 콜레라 환자의 명단을 들고
그 정보를 소호 지구의 지도에 옮겨 보았다.
콜레라 환자가 보고된 주소지마다
검은 줄이 그어졌다.
곧 지도의 구불구불한 거리 위로
검은 줄 다발이 늘어섰다.
펜을 내려놓을 무렵 그의 앞에는
전염병 유행 양상을 보여 주는
그림이 놓여 있었다.

-본문에서

"세라, 좀 일어나 봐요. 애가 울잖아."

세라 루이스(Sarah Lewis)는 남편의 속삭이는 듯한 목소리를 못 들은 척하고 끙 소리를 내며 반대편으로 돌아누웠다. 아니, 방금 전에 눈을 감은 것 같은데 어떻게 아기가 벌써 일어난단 말인가?

세라는 한쪽 눈을 가늘게 뜨고 얇은 커튼에 비친 빛을 바라보았다. 런던에서도 특히 인구 밀집도가 높은 소호 지구, 세계에서 가장 큰 도시의 심장부는 밤이 되어도 소음이 조금 잦아들 뿐, 완전히 사라지는 일은 없었다. 그리고 런던의 200만 주민이 하루를 시작하는 지금 거리의 소음이 서서히 높아지고 있었다. 달그락거리는 말발굽 소리, 짐수레와 마차가 자갈 깔린 거리를 덜컹거리며 달리는 소리, 행상과 걸인과 신문팔이 소년이 저마다 쉰 목소리로 외치는 소리가 들려왔다. 그 모든 소리를 뚫고, 거리의 악사가 연주하는 귀청이 떨어져 나갈 듯 시끄러운 음악 소리도 들려왔다.

세라는 하품을 했다. 들려오는 소리로 미루어 보아 브로드 거리에 아침이 온 듯싶었다. 그런데 애가 운다니, 토머스는 무슨 말을 하는 것일까? 태어난 지 고작 여섯 달 된 딸은 몸이 약해 보채는 일이 잦았기 때문에 부부는 매일 아침 딸아이의 울음소리로 잠을 깨는 일에 익숙했다. 하지만 오늘 아침 세라는 아기가 우는 소리를 듣지 못했다.

세라는 가만히 누워 귀를 기울였다. 침대에 함께 누운 남편은 깊고 규칙적인 숨소리를 내며 자고 있었고 침대 옆 바닥에 놓인 밀짚으로 만든 간이 침상에는 두 아이가 한층 가벼운 숨소리를 내며 잠들어 있었다. 그런데 아니나 다를까, 아기의 요람에서 거의 들리지 않을 정도로 작게 흘

쩍이는 소리가 희미하게 들려왔다.

세라는 이불을 젖히고 일어나 어린 프랜시스 루이스(Frances Lewis)의 상
태를 확인하기 위해 방을 가로질러 요람으로 다가갔다. 세라가 요람 위로
몸을 구부리면서 부드럽게 어르는 소리로 딸아이에게 아침 인사를 하려
는 순간, 얼굴에서 미소가 지워졌다. 놀란 세라의 눈이 크게 벌어졌다.

프랜시스는 아픔을 못 이겨 몸을 버둥거리고 있었다. 작고 창백한 얼
굴은 땀으로 범벅이 되어 있었고 옷과 이불은 물기 많은 설사로 흠뻑 젖
어 있었다. 세라는 아기를 와락 안아 들고는 남편에게 달려가 소리쳤다.

"토머스, 의사를 불러요. 지금 당장이요!"

오물 구덩이와 물 펌프

그날 아침 느지막이 세라의 집을 찾은 로저스 박사는 염려할 것 없다며
세라를 안심시켰다. 의사는 아기가 여름 설사에 걸렸을 뿐이며 이런 더
운 날씨에는 어린아이들이 여름 설사에 걸리기 쉽다고 설명했다.

그래도 프랜시스가 다시 건강을 찾을 때까지 세라가 옆에서 간병을
할 필요가 있었다. 의사는 세라에게 여러 가지 치료법을 권했다. 피마자
유나 대황 시럽을 작은 숟가락으로 하나 먹이면 병독을 씻어 내는 데 도
움이 된다고 했다. 그리고 브랜디를 찻숟가락으로 한 숟갈 정도 뜨거운
물에 타서 한 시간마다 먹이면 아기의 뱃속을 진정시킬 수 있을 터였다.
아기가 위경련에 시달리며 고통스럽게 몸을 웅크릴 때는 밀가루에 물과
겨잣가루를 섞어 만든 겨자 고약을 배에 발라 주면 경련을 가라앉힐 수

있었다. 이런 약이 모두 효과가 없을 경우 언제라도 동네 약국에서 아편제(아편을 추출하여 만든 약으로 오늘날의 모르핀과 유사하다)를 사다 먹일 수 있었다. 의사는 물에 아편제를 몇 방울 떨어뜨려 희석시켜 먹이면 프랜시스의 설사가 진정될 것이라고 말했다.

"오늘 거리에서는 참으로 고약한 냄새가 풍기는군요. 그렇지 않나요?"

의사는 왕진 가방을 꾸리면서 말했다.

"이렇게 공기가 탁하고 안 좋으니 아기가 안 아픈 게 이상할 정도예요. 근처에 오물 구덩이가 있나 보죠?"

세라는 거리에 맞닿은 창문으로 의사를 데려가 건물의 정문 계단 옆으로 보이는, 루이스네 집 창문 바로 아래쪽에 있는 오물 구덩이를 가리키며 말했다.

"요즘처럼 무더운 날엔 냄새가 정말 고약해요. 하지만 오물 구덩이가 있어 구정물 버리기는 편하답니다. 여기 브로드 거리 40번지는 우리처럼 어린 아기가 있는 가족이 살기에 참 좋아요. 바로 옆에 물 펌프가 있으니까요. 오물 구덩이에 구정물을 버리고 나서 바로 그 길로 물을 떠올 수도 있거든요."

그날 오후 세라는 바로 그렇게 했다. 선잠이 든 프랜시스가 요람에서 몸을 불편하게 뒤척이는 동안 세라는 아침 내내 물 양동이에 담가 두었던 더러운 이불보를 꼭 짰다. 그녀는 구정물로 가득 찬 양동이를 양손에 들고 조심스럽게 정문을 나와 계단을 내려와서는 오물 구덩이에 구정물을 버렸다. 설사와 물이 뒤섞인, 초록빛이 도는 구정물을 보자 구역질이 날 지경이었다. 구정물을 버린 다음 세라는 몇 걸음 더 걸어가 브로드 거

55

리의 공용 물 펌프에서 물을 뜨기 위해 줄을 섰다. 얼마 기다리지 않고 그녀는 양동이에 빨래 헹굴 물을 받을 수 있었다.

죽음의 천사가 찾아오다

세라의 간호에도 프랜시스의 여름 설사는 나아지기는커녕 점점 더 심해 졌다. 아프기 시작한 지 하루 만에 프랜시스는 칭얼댈 기운조차 없을 정 도로 쇠약해졌다. 눈두덩이 쑥 들어간 데다 살결마저 푸르스름해져 세라 의 마음을 아프게 했다. 세라는 근심을 떨쳐 내려 애쓰면서 아기를 간병 하는 일에만 마음을 쏟았다. 요람을 부드럽게 흔들어 주고, 조용한 목소 리로 노래도 불러 주고, 프랜시스의 등을 쓸어 주고, 무엇이든 좀 먹이려 고 애를 썼다. 그녀가 가족이 함께 쓰는 작은 침실의 자리를 비우는 경우 는 오직 구정물 양동이를 비우거나 물을 새로 떠야 할 때뿐이었다.

평소에 세라는 물 펌프 앞에 줄을 서서 이웃과 수다 떨기를 좋아했지 만, 집에 누워 있는 작고 연약한 생명을 돌보는 일에 온통 마음이 쏠린 지금은 이웃들의 소식에 귀를 기울이며 지체할 여유가 없었다. 그럼에도 세라는 브로드 거리에서 무언가 심상치 않은 일이 벌어지고 있음을 느 낄 수 있었다. 기이한 정적이 거리에 내려앉아 있었다.

짐마차의 덜컹거리는 소리며 거리 행상의 고함 소리며, 하루 종일 이어 지던 그 떠들썩하고 시끄러운 소리들은 모두 어디로 사라져 버린 걸까? 심지어 거리의 악사마저 브로드 거리를 떠난 듯 보였다. 밤이 깊은 지금 세라의 귀에 들려오는 소리라고는 누군가 급하게 뛰어가는 발걸음 소리와 숨죽인 울음소리뿐이었다. 그날 밤 브로드 거리에서 누군가 흐느끼고 있었다.

런던에서 순경으로 일하는 세라의 남편 토머스는 무슨 일이 벌어지고 있는지 너무나 잘 알고 있었지만 아기 때문에 정신이 없는 어린 아내를 더욱 걱정시키고 싶지 않았다. 그래서 프랜시스가 앓아누운 지 사흘 째 되는 저녁이 되어서야 그는 무거운 마음으로 식탁 앞에 앉아 기운 없는 목소리로 이야기를 꺼냈다.

"세라, 지금 소호 지구에 병이 돌면서 사람들이 죽어 가고 있대. 여기 브로드 거리에는 거의 매시간 영구차가 오르내리고 있어. 사람들 말로는 오늘 죽은 사람이 너무 많아서 장의사의 마차에 시체를 두세 층으로 쌓아 올려야 했다나 봐. 콜레라가 유행하고 있어. 떠날 수 있는 사람은 모두 떠나는 분위기야. 우리도 시골로 가야 할 것 같아. 형이 우리를 받아 줄지도 몰라."

토머스는 아내에게 신문을 건네주었다.

"여기 봐. 신문에도 났을 정도야."

세라는 내키지 않는 기분으로 남편이 짚어 준 기사를 읽어 내렸다.

"… 이 지역에 전염병이 돌고 있다. 그 전날까지만 해도 더할 나위 없이 건강하던 수많은 사람이 불운하게도 전염병의 습격을 받고 쓰러졌다. 금요일 아침에는 동이 트기 전부터 의사를 찾아 사방팔방으로 뛰어다니는 사람들이 목격되었다. 마치 죽음의 천사가 이 지역 위에 날개를 펼친 듯했다. … 이 갑작스럽고 무서운 전염병이 어떻게 발생한 것인지 그 원인을 밝혀내는 일은 이 도시의 복지에 관심을 둔 모든 사람의 의무이다."

세라는 어두운 표정으로 남편에게 신문을 돌려주었다.

"창문을 단단히 닫고 있으면 병을 막을 수 있을 거예요. 꼭 필요한 경우가 아니면 밖에 나가지 않고요. 하지만 지금 프랜시스를 데리고 떠난다면 죽을지도 몰라요."

사나운 말투로 말했지만 세라는 간신히 눈물을 참고 있었다. 런던에 사는 다른 사람들과 마찬가지로 세라 또한 콜레라에 걸리면 목숨을 잃을 수밖에 없다는 사실을 잘 알고 있었다.

당시 의사들은 쓰레기 더미나 오염된 강물, 런던 도로변의 도랑에 흐르는 하수에서 피어오르는 독한 공기 때문에 콜레라가 발생한다고 생각했다. 견디기 어려운 여름의 열기가 런던을 감싸는 동안 쓰레기의 썩은 내와 하수의 악취는 날이 갈수록 점점 심해져만 갔다. 그러나 프랜시스의 여름 설사가 다 나을 때까지 루이스네 가족은 집에 틀어박혀 콜레라가 잦아들기만을 기도하고 있을 수밖에 없었다.

정적이 흐르는 거리

이튿날인 9월 2일 로저스 박사는 루이스네로 다시 와 달라는 청을 받았다. 유감스럽게도 어린 프랜시스가 나흘이라는 긴 시간 동안 병마와 싸운 끝에 결국 숨을 거두고 만 것이다. 로저스 박사는 사망 증명서에 "4일간의 설사 끝에 탈진으로 사망"이라고 적어 넣었다.

그 무렵 브로드 거리에는 인기척 하나 찾아볼 수 없었다. 물 펌프에서 물을 뜨기 위해 줄을 선 사람 한 명 보이지 않았고 상점은 문을 닫았으

한 푼짜리 치료 약

의사와 과학자 들이 콜레라를 일으키는 원인을 두고 논쟁을 벌이는 동안 돌팔이 의사와 떠돌이 약장수 들은 앞 다투어 기적의 만병통치약을 만들어 팔았다. 당시의 신문은 효능이 의심쩍은 콜레라 치료 약에 대한 광고로 가득했다. 다음은 리젠트 거리의 고급 상점에서 판매하던 만병통치약 광고다. 광고 문구는 대개 이와 비슷한 식이었다.

"열병과 콜레라: 모든 병실의 공기는 손더사(社)의 악취 제거 액으로 소독해야 합니다. 이 강력한 살균제로 모든 악취를 순식간에 없애고 상쾌한 향기를 만끽하세요."

향수로 콜레라를 치료한다는 말을 믿다니, 우리가 생각하기에는 참으로 우스운 일이지만 19세기의 절박했던 사람들은 무슨 짓이든 할 준비가 되어 있었다.

당시 의사들이 권하는 치료법에는 정말 위험한 방법도 있었다. 의사들은 일반적으로 아편제와 감홍(수은), 장뇌로 콜레라 환자를 치료했다. 아편제는 고통을 완화시키는 효능이 있지만 중독성이 높았고 어른이든 아이든 과다 복용하기가 쉬웠다. 오늘날에는 독성이 매우 높은 물질로 알려져 있는 감홍은 아주 조금만 복용해도 구토와 설사를 일으킨다. 소독약으로 사용하던 장뇌는 녹나무의 목질에서 추출하여 만드는 향이 아주 강한 물질로, 이 또한 유독하다.

설사를 유발하는 약으로 뱃속을 비워 내야 몸에서 독을 뺄 수 있다고 생각했던 몇몇 의사들은 아주 강력한 설사약인 피마자유를 처방했다. 1931년 런던시의 공중보건국은 겨자 한 숟갈을 따뜻한 물 반 파인트(약 240밀리리터)에 섞어 마시는 방법으로 구토를 유발해야 한다는 내용의 공고를 내기도 했다. 이런 말도 안 되는 치료법 때문에 콜레라로 죽는 사람이 급격하게 늘어났던 것이 분명하다.

참으로 어이없는 것은 사실 콜레라의 치료법이 단순하기 그지없다는 것이다. 콜레라를 치료하려면 깨끗한 물을 많이 마시기만 하면 된다. 콜레라에 걸리면 구토와 설사로 인해 체내의 수분이 크게 손실된다. 그러나 환자가 수분을 충분히 섭취하기만 하면 대부분의 경우 목숨을 구할 수 있다. 오늘날 콜레라 환자들은 경구재수화염(탈수 증상의 환자에게 응급조치로 투여하는 전해질 제제-옮긴이)을 복용하거나 정맥주사로 수액을 공급받는다. 제대로 치료를 받는 경우 콜레라에 걸려 사망하는 환자는 전체 환자의 1퍼센트도 되지 않는다.

며 거리로 맞닿은 창문은 죄다 커튼이 드리워져 있었다. 지구상에서 가장 인구가 밀집한 지역의 중심가에 으스스한 정적만이 감돌았다.

과거에 귀족들이 살았던 위풍당당한 저택들은 당시 가난한 노동자들에게 임대되고 있었는데, 브로드 거리라고 불리는 짧은 두 거리에 들어선 49채의 집에는 무려 860명이나 되는 사람들이 살고 있었다. 이 거리의 사람들은 가족 전체가 방 한 칸에서 밥도 해 먹고 씻기도 하고 잠도 자면서 살았다. 이런 집들 뒤편으로는 골목을 따라 소 축사와 도살장, 양조장, 심지어 총알 만드는 공장까지 빽빽하게 들어서 있었다. 이 모든 곳이 지금은 온통 조용하다.

9월 3일 저녁, 브로드 거리에 드리운 정적을 뚫고 누군가 멀리서 걸어오는 발걸음 소리가 들려왔다. 발걸음 소리가 점점 더 가까워지면서 한 남자가 모습을 드러냈다. 남자는 곧장 브로드 거리의 공용 물 펌프로 향하더니 가죽 가방에서 작은 유리병을 꺼내 물 펌프의 물을 담았다. 유리병의 마개를 닫은 남자는 병을 눈앞으로 들어 올려 투명한 액체를 잠시 들여다보다 유리병을 다시 가방에 넣고는 끈을 묶어 가방을 닫았다. 남자가 걸을 때 가방 안에서 유리병들이 부딪치는 소리가 나는 것으로 보아 가방 안에 든 유리병은 하나가 아니었다.

이 수상한 남자는 의사이자 과학자로, 다른 사람들이 모두 '콜레라 유행'이라는 말에 겁에 질려 있을 때 브로드 거리에서 발생한 콜레라가 자신의 가설을 증명할 절호의 기회라고 생각한 사람이었다. 이 남자의 이름은 존 스노(John Snow)였다. 스노는 자신이 콜레라를 일으키는 원인이 무엇인지 알아냈다고 생각하고 이를 증명할 방법을 찾고 있었다.

존 스노 박사는 20년 넘게 콜레라와 맞서 싸워 온 인물이었다. 스노는 열아홉 살에 영국 북부에서 한 외과의의 수습생으로 일하던 중 킬링워스라는 탄광 마을로 파견되었다. 이곳은 19세기에 콜레라가 처음으로 크게 유행하면서 황폐해진 마을이었다. 몇 주 동안이나 이곳에서 병들어 죽어가는 사람들을 돕고자 고군분투하던 스노는, 광부들이 참고 일해야 하는 지독한 작업 환경을 직접 목격했다. 가족에게 보내는 편지에 그는 이렇게 썼다.

"탄광의 갱도는 거대한 변소를 연상시킵니다. 물론 광부들은 항상 손을 씻지 않은 채로 음식을 먹습니다."

오늘날 우리는 비위생적인 환경이 온갖 질병의 온상이라는 사실을 잘 알고 있지만 당시만 해도 스노의 의견은 이단에 가까운 것이었다. 당시의 의학적 견해에 따르면 콜레라를 비롯한 여러 질병을 일으키는 원인은 바로 '미아스마(miasma)'라고 불리는 '독기(毒氣)'였다. 미아스마는 쓰레기 더미나 하수에서 피어오르는 오염된 공기를 의미했다. 그러나 콜레라에 걸리면 설사를 심하게 한다는 사실을 알고 있던 스노 박사는, 오염된 공기가 실제로 콜레라를 일으키는 원인이 될 수 있는지에 대해 의문을 품었다. 콜레라가 소화기관에 영향을 미치는 것이 확실하다면 콜레라를 일으키는 '병독'은 우리가 섭취하는 무엇, 즉 음식이나 물 안에 들어 있는 무언가라고 생각하는 편이 이치에 맞지 않을까? 또 광산의 작업 환경이 비위생적이고 사람들로 혼잡했다는 점으로 미루어 짐작할 때 사람들이 다른 사람의 감염된 배설물을 의도치 않게 약간 섭취하면서 사람들 사이에 콜레라가 퍼져 나갔다고 생각하는 편이 이치에 맞지 않을까?

하지만 스노는 자신의 의심을 입 밖에 내지 않았다. 당시에 스노는 의학대학의 문턱에도 가 보지 못한 처지였으므로 자신의 생각이 웃음거리

독기인가, 세균인가?

오늘날 우리가 보기에는 당시의 그 많은 사람이, 심지어 의사조차도 미아스마라는 보이지 않는 구름 안에 병독들이 떠다닌다고 생각했다는 자체가 신기할 뿐이다. 독기설은 어떻게 시작된 것일까? 그토록 오랫동안 독기설을 신봉해 온 까닭은 무엇일까?

'미아스마'라는 말은 오염을 뜻하는 고대 그리스어에서 유래하며 기원전 3세기부터 사용되어 왔다. 흔히 최초의 전염병학자라고 불리는 고대 그리스의 의사 히포크라테스(Hippokratēs)는 자신의 저서에서 미아스마설을 설명했다. 그리고 그 이후 수백 년 동안 유럽 전역의 의사들은 그의 저서를 통해 의학을 공부했다. '독기' 또는 '장기(瘴氣)'라고 번역되는 미아스마는 유기물이나 부패한 쓰레기에서 피어오르는 유독한 안개를 뜻했다. 우리는 몇 가지 병의 이름만 살펴보아도 당시 미아스마설이 얼마나 널리 인정받았는지 알 수 있다. 이를테면 말라리아(malaria)는 '나쁜 공기'라는 뜻의 'malaria'라는 이탈리아어에서 유래했다. 19세기까지만 해도 거의 모든 사람이 악취를 병과 동일시했다.

존 스노 같은 과학자들, 그리고 1880년대 콜레라 병원균을 최초로 규명해 낸 하인리히 헤르만 로베르트 코흐(Heinrich Hermann Robert Koch) 같은 과학자들이 질병을 일으키는 원인은 미아스마가 아닌 세균이라는 사실을 증명해 낸 이후에도 수많은 사람은 자신의 생각을 바꾸려 하지 않았다. 현대적인 간호의 창시자인 플로렌스 나이팅게일(Florence Nightingale)조차도 1910년 숨을 거두는 날까지 미아스마가 수많은 질병을 일으키는 원인이라고 믿으면서 병을 예방하고 치료하는 방법으로 청결과 위생, 신선한 공기와 햇살의 필요성을 강조했다. 나이팅게일이 병원에서 높은 위생 수준을 유지해야 한다고 강조한 덕분에 수백만에 이르는 목숨을 구한 것은 사실이다. 또한 콜레라나 장티푸스 같은 병은 허술한 위생 관념과 관련이 있다는 점에서 나이팅게일의 주장은 옳다. 다만 그 연결 고리는 악취가 아닌 세균이었다.

밖에 되지 않으리라는 것을 잘 알고 있었다. 하지만 자신의 의심을 잊지 않았고 그 이론을 증명할 기회만 기다리고 있었다. 그동안 스노는 바쁘게 일하며 지냈다.

1840년대 존 스노 박사는 세계 최초의 마취과 의사 중 한 사람으로서 큰 성공을 거두었다. 마취과 의사로서 스노는 수술을 받는 환자들에게 새롭게 발견된 '수면 가스(클로로폼과 에테르)'를 투여하는 일을 했다. 이 획기적인 약품은 외과의(그리고 환자)의 입장에서 보면 비약적인 진보였다. 에테르가 발견되기 전까지 외과의는 환자의 의식이 완전히 깨어 있는 상태에서 수술을 할 수밖에 없었다. 환자들이 고통을 견디다 못해 수술실에서 피를 흘리며 뛰쳐나가 벽장에 숨어 버리는 일도 있었다고 전한다.

존 스노는 클로로폼과 에테르의 이점을 곧바로 알아보고는 환자에게 이 마취제를 안전하고 안정적으로 주입할 수 있는 조절 장치를 개발했다. 이 장치 덕분에 박사는 빠르게 명성을 얻었으며 그 기술을 인정받아 빅토리아 여왕이 두 명의 자녀를 출산할 때 여왕에게 클로로폼을 투여해 달라는 요청을 받기도 했다.

기체의 속성에 대한 이해가 깊어질수록 스노는 콜레라를 일으키는 원인이 독기가 아니라는 사실을 더욱 확신했다. 환자를 잠시나마 잠재우기 위해 클로로폼이나 에테르를 얼마나 농축시켜 투여해야 하는지를 알고 있는 사람으로서, 오염된 공기 구름이 도시 전체에 걸쳐 사람들을 병들게 한다는 통념은 도무지 이치에 맞게 들리지 않았다. 그리고 정말 오염된 공기 때문에 콜레라가 발생한다면 어째서 모든 사람이 병에 걸리지는 않는 것인가? 논리적으로 생각할 때 독기설은 모순투성이였지만 박사에게는 자신의 의혹을 해소할 방법이 없었다.

그러던 중 콜레라가 다시 유행하기 시작했다. 새롭게 시작된 콜레라 유행은 유럽 전역을 휩쓸었고, 브로드 거리에서 콜레라가 발생하기 1년 전인 1853년 템스강의 남쪽 강변을 따라 길게 늘어선 동네인 사우스런던 지역을 강타했다.

이번에도 콜레라가 왜 퍼져 나가는지, 어떻게 퍼져 나가는지를 아무도 알지 못했다. 온갖 억측만이 난무했다. 강변을 따라 늘어선 빈민가에 사는 사람들이 '도덕적으로 병에 걸릴 만하기' 때문에 콜레라에 걸린다는 추측을 내놓는 이들도 있었다. 빈민가 사람들의 인성에는 콜레라에 걸리기 쉽게 만드는 결점이 있다는 주장이었다. 독기설을 주장하는 이들은 그 동네와 강에서 풍기는 악취 때문에 콜레라가 기승을 부리는 것이라고 했다. 어떤 사람들은 이 두 가지 요소가 합쳐져 콜레라 유행을 일으켰다고 주장했다.

한편 존 스노 박사는 강변 근처에 사는 사람들이 어디서 마실 물을 구하는지 궁금해하기 시작했다.

위대한 실험

존 스노가 자신의 의문에 대한 답을 알아낼 방법은 단 한 가지, 사람들에게 직접 물어보는 것뿐이었다. 그해 여름 내내 저녁이 되면 스노는 사우스런던 지역의 집들을 하나하나 방문하여 문을 두드리고는 몇 사람이 병에 걸렸는지, 몇 사람이 목숨을 잃었는지 물었다. 그런 다음 생뚱한 질문을 던졌다.

"이 집에 수돗물을 공급하는 회사가 어디인지 알고 계신가요?"

템스강 남쪽 지역에서는 대부분 공용 펌프에서 물을 길어다 먹지 않고 템스강에서 물을 받아 와 마시고 있었다. 런던의 이 지역에 수돗물을 공급하는 회사는 램버스(Lambeth)사와 서더크앤복스홀(Southwark&Vauxhall)사 두 군데가 있었다. 램버스사는 비교적 깨끗한 강의 상류에서 물을 끌어오는 반면 서더크앤복스홀사는 도시의 하수관으로 오수가 쏟아져 들어오는 강의 하류에서 물을 끌어왔다. 이런 차이가 누가 병에 걸리고 걸리지 않는지의 문제에 영향을 미쳤을까? 스노는 그럴 것이라고 예측했다.

이 지역에는 어떤 집이 어떤 회사에서 수돗물을 공급받는지 예상할 수 있는 이렇다 할 규칙이 없었다. 근처의 다른 이웃들은 모두 서더크앤복스홀사에서 물을 공급받는데 유독 어느 한 집만 램버스사에서 물을 공급받는 경우도 흔했다. 더러운 물을 공급받는 집에서만 콜레라 환자가 발생했다는 사실을 증명해 낼 수만 있다면 이는 미아스마로 인해 콜레라가 발생한다는 독기설을 부정할 수 있는 중요한 증거가 될 것이었다. 스노는 자신의 '위대한 실험'을 통해 콜레라가 오염된 물로 전염된다는 가설이 최종적으로 입증되기를 바라고 있었다.

그러나 스노가 미처 조사를 끝마치기도 전에 브로드 거리에서 콜레라가 발생했다. 그는 이 무시무시한 병이 아주 좁은 지역에 제한적으로 나타났다는 점을 눈여겨보았다. 사우스런던 지역에서 시도했던 방식을 브로드 거리에 적용하여 병이 퍼지게 된 원인을 밝혀낼 수 있을까? 병의 유행을 막을 수 있을 만큼, 또는 소호 지구 밖으로 병이 확산되는 것을 막을 수 있을 만큼 늦지 않게 그 원인을 밝혀낼 수 있을까? 박사는 한번 해 보는 수밖에 없다고 생각했다.

조사를 확장하다

존 스노는 소호의 거리를 오르내리며 이 지역의 모든 공용 물 펌프에서 물의 시료를 채취했다. 박사는 내심 물이 오염되어 있기를 바랐지만 집으로 가져온 물은 모두 깨끗해 보였다.

스노는 쉽사리 용기가 꺾이는 사람이 아니었다. 박사는 다시 거리로 나가 집집마다 문을 두드리며 사우스런던 지역의 경우와 똑같은 생뚱한 질문을 던졌다.

"댁에 혹시 콜레라 환자가 있나요? 물은 어디에서 길어다 먹습니까?"

박사는 몇 번이고 똑같은 대답을 들었다.

"브로드 거리에 있는 공용 펌프에서 길어다 마시는데요."

스노는 곧 깜짝 놀랄 만한 사실을 알게 되었다. 브로드 거리를 중심으로 그 근처의 골목과 뒷골목은 콜레라 유행으로 가장 큰 타격을 입은 지역이었다. 그런데 무슨 이유에서인지 예외가 된 장소들이 몇 군데 있었다. 그중 한 곳은 브로드 거리에서 모퉁이를 돌면 바로 보이는 폴란드 거리 50번지였다. 오직 두 사람만이 콜레라로 목숨을 잃었다고 보고된 이곳은 바로 세인트 제임스 구빈원이었다. 이 구빈원은 소호 지역에서도 가장 가난한 남녀와 어린이 들이 500명 넘게 머물며 숙식을 해결하고 있는 곳이었다. 이웃에서 수많은 사람이 콜레라로 죽어 나가는 와중에 어떻게 구빈

이게 무슨 냄새야!

1854년 250만 인구가 살고 있던 런던은 그 당시만 해도 인류 역사를 통틀어 가장 거대한 도시였다. 또한 두말할 필요 없이 당대의 가장 위대한 도시이기도 했다. 런던에는 웅대한 궁전과 사람들로 붐비는 극장과 유럽 최초의 국회의사당이 있었다. 그러나 런던에는 없는 것도 있었다. 전 도시를 아우르는 하수처리 시설이 없었고, 쓰레기 하치장은 물론 쓰레기를 수거하는 사람도 없었다. 그 결과, 런던은 자신이 내놓는 쓰레기에 파묻힐 지경이 되었다.

런던에 있는 수많은 집, 특히 가난한 동네의 오래된 집에는 수도가 설치되어 있지 않았고 하수도도 연결되어 있지 않았다. 그 대신 집집마다 오물을 버릴 수 있는, 건물 지하를 파서 만든 큰 오물 구덩이가 있었다. 이 오물 구덩이가 가득 차면 집주인은 '분뇨 장수'를 불렀고 분뇨 장수는 오물 구덩이를 채운 배설물과 쓰레기를 짐마차에 실어 도시 변두리에 있는 농장으로 가져갔다. 런던의 오물 처리는 오랫동안 이런 방식으로 잘 운영되고 있었다.

그러나 런던이 급속도로 몸집을 불려 나가면서 도시 변두리의 농장이 점점 더 먼 곳으로 밀려났다. 분뇨 장수는 오물 처리 비용을 올려 받았고 집주인들은 오물 구덩이 비우는 일을 차일피일 미루기 시작했다. 그러다 보니 오물 구덩이에 배설물이 꽉 차서 넘쳐흐르는 일이 흔했다.

하수도가 연결되어 있는 집이라 해도 사정은 별반 나을 것이 없었다. 하수도로 흘러 나간 오수는 어디에 버려졌을까? 바로 런던의 심장부를 가로지르며 흐르는 템스강이었다. 그렇다면 런던의 상수도는 어디에서 물을 끌어왔을까? 역시 템스강이었다!

강에 하수를 버리는 동시에 그곳에서 상수를 끌어다 사용하고 있었으므로 런던은 질병이 퍼져 나가기에 최적의 조건을 갖추고 있었다. 또한 하수 때문에 도시 전체에 지독한 악취가 풍겼다. 문제가 되는 것은 사람의 배설물만이 아니었다. 도시에는 동물이 사는 축사며 공장도 빽빽하게 들어서 있었다. 여기서도 쓰레기와 오물이 쏟아져 나왔고 그 나름대로 악취를 풍겼다. 당시 사람들이 런던을 주기적으로 휩쓸었던 전염병들을 런던에서 가장 즉각적으로 체감할 수 있는 악취와 연결해서 생각한 것도 무리는 아니었다.

원에서는 희생자가 거의 나오지 않을 수 있었을까? 박사가 알아낸 바에 따르면 구빈원과 그 양옆으로 들어선 집들의 차이는, 단지 구빈원에서는 그 부지 안에 있는 전용 우물의 물을 마신다는 것뿐이었다.

근처에는 콜레라의 습격이 비껴간 듯 보이는 장소가 한 군데 더 있었다. 브로드 거리의 맥주 양조장이었다. 스노 박사가 양조장 주인에게 일꾼들은 어디에서 물을 떠다 마시냐고 묻자 그들은 물을 마시지 않는다는 놀라운 대답이 돌아왔다. 양조장의 일꾼들은 매일 맥주를 일정량 배급받아 물 대신 마신다는 것이었다.

불과 며칠 만에 스노 박사는 자신이 수집한 근거를 바탕으로 브로드 거리의 공용 물 펌프가 콜레라를 퍼트린 주범이라고 확신하게 되었다.

하지만 이 가설로는 설명할 수 없는 희생자가 한 명 있었다. 소호 지구와는 전혀 동떨어진 부유한 동네인 햄스테드 히스에 살고 있던, 수재나 엘리(Susannah Eley)라는 나이 든 여자였다. 엘리 부인은 9월 2일 콜레라로 사망했다. 날짜로만 따져 보면 브로드 거리에서 콜레라가 한층 기승을 부릴 무렵 세상을 떠난 셈이었다. 그러나 이 부인의 죽음을 브로드 거리의 콜레라 유행과 어떻게 연관 지을 수 있을까?

브로드 거리를 오르내리며 사람들에게 질문을 던진 끝에 스노 박사는 그 답을 찾아냈다. 수재나의 아들들이 브로드 거리에서 엘리 뇌관 공장을 운영하고 있었던 것이다. 아들들은 매일같이 브로드 거리의 공용 펌프에서 차갑고 신선한 물을 한 병 길어다가 도시 반대편의 햄스테드 히스에 사는 어머니에게 가져다주었다. 엘리 부인이 브로드 거리의 물이 런던 전체에서 가장 맛있다고 생각했기 때문이다. 브로드 거리의 물에 대한 애착이 수재나 엘리의 목숨을 앗아간 셈이다.

진실을 감당할 수 있는가

9월 7일 목요일이 되자 몇 구획도 되지 않는 좁은 소호 지구에 콜레라로 희생된 사람이 무려 500명이 넘기에 이르렀다. 긴급 교구 회의가 소집되었다. 근심 가득한 얼굴을 하고 어두운 빛깔의 양복을 차려입은 남자들은 무슨 수를 써야 이 죽음과 고통을 멈출 수 있을지 의논하기 위해 교구 회관으로 모여들었다.

거리의 공기를 소독하기 위해 유황을 태워야 한다는 등 갖가지 의견이 나왔다. 그때 회관 한쪽에 홀로 앉아 있던 한 낯선 남자가 발언할 기회를 요청했다. 존 스노가 자신이 집집마다 돌아다니며 조사한 결과를 설명하는 동안 교구 의원들은 놀란 표정으로 귀를 기울였다. 교구회는 스노의 생뚱하게 들리는 물 가설에는 회의적인 입장이었지만 사람들에게 브로드 거리에 있는 공용 펌프의 물을 마시지 못하게 한다고 해서 별다른 해가 있지는 않을 것이라고 판단했다. 그리고 이튿날 교구회의 지시를 받고 나온 일꾼이 브로드 거리의 물 펌프에서 손잡이를 빼내 버렸다. 인근 동네에서 이미 그 기세가 수그러들고 있던 콜레라는 이제 더 이상 퍼져 나가지 않았다. 콜레라의 유행이 막을 내린 것이다.

그러나 소호의 교구회와 런던 공중보건국은 여전히 스노의 가설이 옳다고 확신하지 못했다. 콜레라를 전염시키는 데 물이 어떤 역할을 한 것만은 분명해 보이지만 어쩌면 그 물이 오염된 이유도 나쁜 공기를 쐬었기 때문인지도 몰랐다. 그리고 스노는 그 물 펌프가 전염병이 퍼진 근본 원인이라는 사실을 증명해 내지 못하고 있었다. 교구회는 스노에게 좀 더 조사한 다음 보고해 달라고 요청했다.

교구회의 한 의원이 스노의 조사를 돕겠다고 자원하고 나섰다. 그러나 이 남자는 애초부터 스노의 가설을 믿지 않았다. 소호 지구에 있는 세인트 루크 교회의 신입 목사보인 헨리 화이트헤드(Henry Whitehead)가 스노의 조사를 돕겠다고 마음먹은 이유는, 스노의 가설이 완전히 잘못되었다고 확신했기 때문이었다.

큰 그림이 모습을 드러내다

서로 의견은 달랐지만 내성적인 의사와 젊은 목사보는 좋은 짝을 이루었다. 화이트헤드는 이제 겨우 스물아홉 살이었고 세인트 루크 교회는 그가 첫 번째로 맡은 교회였다. 그는 의욕이 넘치는 데다 이미 소호 지구에 사는 수많은 주민의 이름을 거의 다 알고 있었다. 젊은 목사보는 매일같이 거리를 활보하면서 집집마다 문을 두드리고 콜레라가 유행하기 시작한 초기에 피난을 떠난 주민들의 소식을 알아내기 위해 애썼다. 몇몇 집에는 정보를 충분히 모았다고 만족할 때까지 네다섯 차례나 방문하기도 했다.

화이트헤드가 거리를 쏘다니는 동안 스노는 매일 밤 자신의 서재에서 이미 수집한 자료를 분석하는 일에 몰두했다. 그러나 실망스럽게도 더 이상 알아낼 것이 없어 보였다. 그러던 어느 날 밤, 스노는 무언가 새로운 방법을 시도해 보기로 했다. 박사는 콜레라로 확진된 환자의 명단을 집어

들고 그 정보를 소호 지구의 지도에 옮겨 보았다. 콜레라 환자가 보고된 주소지마다 검은 줄이 그어졌다. 곧 지도의 구불구불한 거리 위로 검은 줄 다발이 늘어섰다. 스노는 지도를 자세히 살펴보면서 지도에 나타난 것과 나타나지 않은 것에 대해 곰곰이 생각했다. 그다음 펜을 집어 들고 소호 인근 지역에 있는 공용 물 펌프의 위치를 전부 지도에 표시했다.

펜을 내려놓을 무렵 스노 박사 앞에는 전염병 유행의 양상을 보여 주는 그림이 놓여 있었다. 브로드 거리의 물 펌프에서 방사형으로 펼쳐진 검은 줄들은 이 오염된 수원에서 치명적인 병이 퍼져 나갔다는 사실을 증언하고 있었다. 박사는 이 지도만 있으면 환자 명단과 도표만으로는 설득할 수 없었던 교구 의원들을 설득할 수 있으리라 확신했다. 그러나 여전히 문제가 남아 있었다. 이 지도가 자신을 믿으려 하지 않는 동료 조사원의 의심까지 날려 버릴 수 있을까?

마지막 단서

스노가 과연 그 지도를 가지고 화이트헤드와 교구 의원을 설득할 수 있는지의 문제는 영원한 의문으로 남게 되었다. 스노가 지도를 그린 것과 거의 동시에 화이트헤드도 브로드 거리를 둘러싼 수수께끼의 마지막 퍼즐 조각을 찾아냈기 때문이다.

어느 날 저녁, 목사보는 자신의 서재를 가득 채우고 있던 서류 더미를 조사하다가 이제껏 눈여겨보지 않았던 한 줄의 문장을 발견했다.

"4일간의 설사 끝에 탈진으로 사망."

전염병 발생 지도

오늘날 전염병학을 공부하는 학생들은 아직도 존 스노가 그린 소호 지구의 콜레라 발생 지도를 연구한다. 스노는 전염병 발생과 환경의 위험 요소 간의 관계를 증명하기 위해 지도를 그린 최초의 인물이다. 소호 콜레라 사태에서 가장 큰 환경 위험 요소는 브로드 거리에 있는 공용 물 펌프의 높은 접근성이었다. 스노가 그린 지도는 관료들을 설득하여 병의 확산을 막을 조치를 취하게 만들 효율적인 방법이었다.

오늘날의 전염병학자들은 정교한 소프트웨어를 이용하여 전염병 발생 지도를 그리며, 이를 통해 공간과 시간의 흐름에 따라 전염병의 전파 경로를 추적하고 예측할 수 있다. 이들이 질병 발생 지도를 그리는 작업은 존 스노의 시대보다 한층 복잡해졌는데, 우리가 여행하는 방식이 크게 변화했기 때문이다. 1800년대 여행은 속도가 느렸다. 당시의 질병 발생 지도는 연못에 돌을 하나 던질 때 그 돌을 중심으로 파문이 일어나는 모양처럼 어느 한 지점에서 사방으로 퍼져 나가는 물결 모양을 보이게 마련이었다.

항공 여행이 등장하면서 질병이 발생하는 양상은 완전히 바뀌었다. 오늘날의 질병 발생 지도는 전 지구에 걸쳐 상하이, 브뤼셀, 밴쿠버, 멕시코시티 같은 곳에서 무작위로 나타나는 집단 감염의 양상을 보인다. 이런 양상은 연못에 생긴 파문이라기보다는 불꽃놀이의 폭발 같은 모습을 띤다. 하지만 연구자들은 이 무질서하게 보이는 발병 양상에 어떤 경향이 있다는 사실을 발견했다. 오늘날 해외여행은 여러 공항이 이어진 망을 통해 이루어진다. 일반적인 세계 지도 대신 각기 다른 도시를 연결하는 항공편을 보여 주는 지도를 이용한다면 무작위로 나타나는 듯 보이는 질병 발생 양상을 한층 더 잘 예측할 수 있다. 또한 이를 존 스노 시대처럼 바깥으로 퍼져 나가는 물결 양상으로 변환할 수 있다.

바로 어린 프랜시스 루이스의 사망 증명서였다.

그때까지만 해도 프랜시스의 죽음이 콜레라 유행의 일부였다고 생각하는 사람은 아무도 없었다. 하지만 사망 증명서를 보는 즉시 화이트헤드는 프랜시스 또한 콜레라의 수많은 희생자 중 한 명이었다는 사실을 직감했다. 콜레라에 걸리면 어른도 몇 시간 만에 숨을 거두기 십상인데 어린 아기가 나흘 동안이나 버텨 냈다니 참으로 놀라운 일이라고 목사보는 생각했다. 잠깐, 나흘이라고? 이 말은 곧 다른 환자가 나타나기 전에 프랜시스가 가장 먼저 병에 걸렸다는 뜻이었다. 화이트헤드는 다시 사망 증명서를 들여다보다가 아기의 주소를 발견했다. 브로드 거리 40번지. 브로드 거리의 공용 물 펌프 바로 옆에 있는 집이었다.

사망 증명서를 쥔 목사보의 손이 떨리기 시작했다. 목사보의 머리가 빠르게 회전하면서 마침내 스노와 자신이 보지 못하고 지나쳤던 연결 고리를 찾아냈다. 바로 여기, 콜레라가 크게 유행하기 이틀 전에 환자가 콜레라에 걸렸다는 증거가 있었다. 또한 이 증거에 따르면 이 환자의 설사가 브로드 거리의 공용 물 펌프 근처에 버려졌을 가능성이 아주 높았다. 브로드 거리의 물 펌프는 프랜시스와 다른 콜레라 환자를 이어 주는 연결 고리였다. 그렇다면 콜레라균으로 감염된 프랜시스의 설사가 브로드 거리에 있는 물 펌프의 수원을 오염시키고 그 결과 주변 동네로 콜레라가 퍼져 나간 걸까? 화이트헤드는 자리에서 벌떡 일어났다. 비록 늦은 시간이었지만 스노 또한 자신이 발견한 사실을 알고 싶어 할 것이 분명했다.

그 이튿날 문 두드리는 소리를 듣고 나온 세라 루이스는 문가에 서서 심각한 표정을 하고 있는 신사 두 명을 발견했다. 그들은 아기의 병에 대해 물어볼 것이 있다고 했다. 프랜시스가 처음 아프기 시작한 것은 언제였나? 가족들은 어디서 물을 길어다 마시는가? 집의 오물과 쓰레기를 버리는 곳은 어디인가? 세라는 오물 구덩이로 통하는 구멍을 보여 주었다. 세라는 하루에도 몇 차례씩 바로 이곳에 더러운 이불보와 기저귀를 담가두었던 구정물을 버렸다. 이 집의 오물 구덩이가 브로드 거리의 공용 물 펌프와 겨우 몇 발자국 떨어져 있다는 것을 확인한 스노는 마침내 콜레라 유행의 원인에 대한 확실한 증거를 찾았음을 깨달았다.

지저분한 진실

스노와 화이트헤드는 설득력 있는 설명으로 교구회를 납득시켰다. 교구회는 브로드 거리 40번지 앞의 오물 구덩이와 바로 그 옆 모퉁이에 있는 공용 물 펌프의 우물을 모두 파내라고 지시했다. 이 일을 맡은 기술자는 작업에 착수하자마자 오물 구덩이 안쪽에 벽돌로 쌓은 벽이 오래되어 약해져 있는 것을 발견했다. 그리고 오물 구덩이와 우물 사이의 1미터 남짓한 땅은 하수로 흠뻑 젖어 있었다. 오물 구덩이에 버려진 오물은 '순식간에' 물 펌프의 수원으로 스며들게 되어 있었다. 프랜시스 루이스의 설사에 있던 콜레라균이 거리 사람들이 마시는 물로 옮아 콜레라의 유행을 일으킨 것이었다.

이 여섯 달 된 아기가 애초에 어떻게 콜레라에 걸리게 된 것인가 하는 문제는 오늘날에도 풀리지 않는 수수께끼로 남아 있다. 하지만 존 스노와 화이트헤드 덕분에 사람들은 프랜시스의 기저귀에서 나온 비브리오

가죽 구두 전염병학

오늘날 존 스노는 '전염병학의 아버지'라 불린다. 스노는 소호 지구의 콜레라 발생 지도를 그린 인물이자, 질병의 발생을 체계적으로 연구하면서 병의 발생 경향과 원인을 찾아내려 했던 최초의 과학자다. 스노가 체계적인 연구를 하기 전까지 의사들은 단지 자신이 치료한 환자의 일화적인 정보만을 수집하는 데 그쳤으며, 그 정보를 그 지역의 건강한 사람들에게서 수집한 정보와 비교하여 유사점과 차이점을 찾아보려 하지 않았다.

전염병이 유행하는 지역을 집집마다 찾아다니며 조사하는 스노의 방식은 '가죽 구두 전염병학(shoe-leather epidemiology)'이라 불린다. 이 방법은 오늘날에도 전염병학자들이 정보를 수집하는 데 있어 가장 유용한 방법 중 하나로 손꼽힌다.

콜레라균(Vibrio cholerae)이 어떻게 온 동네로 퍼져 나갔는지 알게 되었다. 소호의 콜레라 사태는 끔찍한 비극이었다. 하지만 이 비극을 통해 인류는 앞으로 어떻게 콜레라 유행을 예방해야 할지에 대한 교훈을 얻었다.

존 스노가 콜레라의 원인을 밝혀낸 뒤 몇 년이 지나 런던은 세계 최초로 도시 전체를 아우르는 규모의 하수처리 시설을 건설했다. 시 당국은 조지프 윌리엄 바잘게트(Joseph William Bazalgette)라는 토목 기술자의 지휘 아래 런던에서 쏟아내는 하수를 템스강의 하류로 이동시키는, 내벽을 벽돌로 마감한 132킬로미터 길이의 하수도를 건설했다. 이는 그때까지 시행되었던 토목 공사 가운데 가장 규모가 큰 공사였다. 이를 통해 런던은 당대의 가장 현대적인 도시로 재탄생했다. 그리고 얼마 지나지 않아 유럽과 북아메리카의 여러 도시에서도 런던의 사례를 본받아 거주민의 건강을 보호하기 위해 하수처리 시설을 건설하기 시작했다.

오늘날의 콜레라

콜레라 유행이 먼 옛날의 일일 뿐이라고 생각한다면 오산이다. 1816~1923년 전 세계에 걸쳐 200만 명이 넘는 사람들이 콜레라로 목숨을 잃었다. 콜레라는 몇 년 동안 잠잠해지는가 싶다가도 다시 파도처럼 전 세계를 휩쓸고 지나갔다.

콜레라는 그 이후 20세기 중반까지 40여 년 동안 완전히 자취를 감춘 듯 보였다. 콜레라가 사라진 이유는 아주 단순했다. 현대의 위생 수준이 높아졌기 때문이다. 선진국 등지에서 현대적인 하수처리 시설과 정수처리 시설이 일반화된 뒤로 콜레라는 다시 나타날 기회를 잃은 듯 보였다. 한때 도시의 재앙으로 불리던 콜레라는 북아메리카와 유럽, 오스트레일리아에서는 거의 알려지지 않은 질병이 되었다. 하지만 전 세계에서 20억이 넘는 사람들이 여전히 깨끗한 식수가 부족한 환경에서 살아가고 있기 때문에 콜레라의 위협은 결코 사라지지 않고 있다.

자연재해가 닥칠 때 콜레라는 다시 기승을 부릴 기회를 얻는다. 전쟁이나 불안정한 사회 환경 때문에 수많은 사람이 난민촌 같은 곳에서 살아가게 될 때도 마찬가지다. 인구 밀집도가 높은 곳, 깨끗한 식수와 하수 처리 시설이 없는 곳, 의사와 의약품, 병원이 부족한 곳에서 콜레라는 언제든지 급속하게 퍼져 나갈 기회를 노리고 있다.

2010년 아이티섬에서 그러한 일이 벌어졌다. 대지진이 섬을 휩쓸고 지나가며 수백만 명이 집을 잃었다. 국제연합에서는 피해를 복구하기 위해 아이티섬에 지원 단체를 파견했다. 여기에는 네팔에서 온 평화유지군이 몇 명 있었는데, 이들이 콜레라에 걸렸다. 지진으로 식수 공급 시설과 공중위생 설비가 파괴된 이곳에서 콜레라는 무서운 속도로 퍼져 나갔다. 그리고 2016년 허리케인 매슈가 강타하면서 섬은 또 피해를 입었고, 다시 한번 콜레라가 급격하게 퍼져 나가기 시작했다.

2019년 콜레라 유행이 마침내 막을 내렸을 때는 이미 60만 명이 넘는 사람들이 병에 걸렸고, 1만 명에 가까운 사람들이 목숨을 잃은 뒤였다. 지금도 아이티섬의 전염병학자들은 콜레라가 다시 발생할 경우 재빨리 조치할 수 있도록 계속해서 사태를 지켜보며 대비하고 있다.

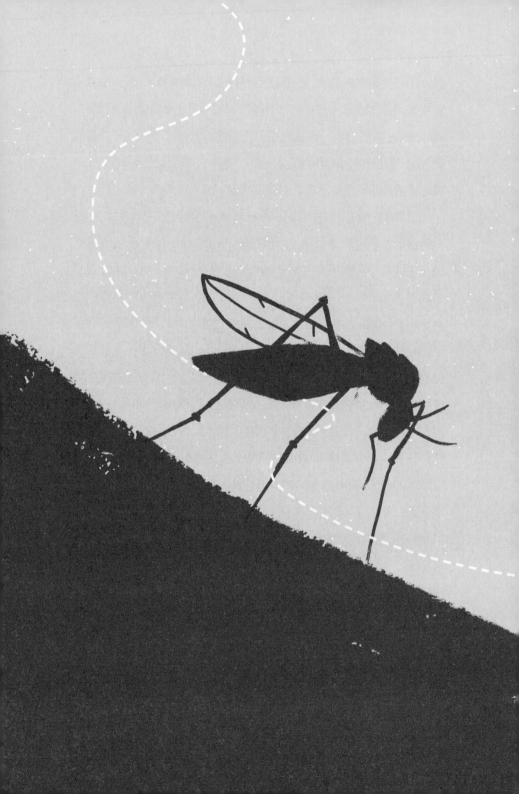

3

스스로 감염된
사람들

1900년 쿠바의 황열병

연구진이 수집한 증거에 따르면
모기가 황열병을 일으킨 주범인 것이
틀림없어 보였다.
하지만 좀 더 많은 증거가 필요했다.
즉 모기가 사람들에게 황열병을
옮긴 연구 사례가 더 많이 필요했다.
그러나 과연 어느 누가 이토록
위험한 임무에 지원할 것이란 말인가.

-본문에서

"캐럴 박사님, 난 스스로를 감상적이라고 생각해 본 적이 없는 사람이지만 지금 우리가 실험하고 있는 이 가엾은 생물한테는 안됐다는 생각을 안 할 수가 없어요. 이 나이 든 부인을 좀 봐요. 평생을 갇혀 지내는 것도 모자라 지난 며칠 동안은 제대로 먹지도 못했잖아요. 이렇게 기운이 없고 비실비실한 것도 무리는 아니죠."

제시 러지어(Jesse Lazear) 박사는 시험관을 불빛 가까이 들어 올리고는 시험관 안쪽 유리벽에 앉아 있는 모기를 밖으로 내보내기 위해 시험관을 가볍게 두드리며 말했다. 모기는 잠시 공중으로 날아오르는가 싶더니 금세 다시 내려앉아 자신이 갇힌 감옥의 미끄러운 벽에 매달렸다. 모기의 날개가 축 늘어져 있었다. 러지어의 연구 동료인 제임스 캐럴(James Carroll) 박사가 대답했다.

"맞아. 이 작은 모기 녀석은 이미 다 죽어 가는 것처럼 보이는데…. 기운이 하나도 없군."

러지어는 무거운 미소를 지었다.

"내 생각엔 오늘까지 버틸 수 있을 것 같지 않아요. 혹시 누가 피를 빨게 해 준다면 모를까. 12일 전에 황열병(yellow fever) 환자를 문 뒤로 아무것도 먹지 못했다니까요. 힘이 없으니 오늘 아침 찾아온 지원자를 물지도 못하더라고요. 누구 자발적으로 먹이가 되어 줄 사람이 없을까요?"

두 남자는 낡아빠진 실험용 나무 탁자를 사이에 두고 서로를 마주보았다. 잠시 정적이 흐르는 동안 시험관에 갇힌 모기도 무슨 일이 벌어질지 궁금해하며 귀를 기울이고 있는 듯 보였다. 마침내 캐럴이 목청을 가다듬고 물었다.

81

"이 녀석이 피를 먹지 못하면 오늘 죽는단 말인가?"

"그렇습니다. 이 녀석은 핀레이 박사가 주신 알들에서 깨어난 거의 마지막 모기예요. 그 알이 다 떨어지면 다시 알을 찾으러 다녀야 하고 유충에서부터 다시 키워야 해요. 박사님, 그게 얼마나 귀찮은 일인지 아세요? 게다가 실험이 며칠이나 지연될 거란 말이죠. 새로운 모기가 다 자라길 기다려야 하니까요."

캐럴은 숨을 깊이 들이쉬더니 자신의 셔츠 소맷자락을 걷어 올렸다.

"그 시험관을 이리로 가져와 보게. 어디 그 귀부인께서 내 피 맛을 좋아하는지 보자고."

러지어가 얼굴을 찌푸리며 주저하자 캐럴은 웃음을 터트렸다.

"러지어 박사, 왜 이래? 황열병은 모기로 전염되는 병이 아니라는 걸 박사도 나만큼이나 잘 알고 있잖아. 그 작은 악마한테 물리면 하루 이틀 가렵고 부은 상처가 남겠지만 그게 다일 거야. 그러면 우리는 이 바보 같은 실험을 어서 끝내고 정말 제대로 된 일을 할 수 있게 되는 거지. 황열병의 병원균을 찾아내는 일 말이야."

내키지 않는 몸짓으로 러지어는 시험관을 집어 들어 마개를 뽑은 다음 시험관 입구를 캐럴의 맨팔에 가져다 댔다. 모기는 시험관 안에서 이리저리 날아다니다가 다시 시험관 안쪽 유리 벽에 내려앉았다. 러지어는 눈살을 찌푸리고는 울화가 섞인 한숨을 내뱉었다.

"오늘 아침이랑 다를 바가 없어요. 피를 빨 기운조차 없는 거죠."

러지어는 캐럴의 팔에서 시험관을 치우려 했다.

"이봐, 사람이 참을성이 있어야지. 이 숙녀분께 마음 정할 기회를 주자고. 어쩌면 가장 맛있을 것 같은 부위를 고르고 있을지도 모르잖아?"

몇 분 동안 모기를 지켜보며 기다리던 러지어는 마침내 포기하고 시험관과 그 안에 갇힌 우유부단한 모기를 아예 캐럴의 손에 넘겨주었다. 캐럴은 맨 팔뚝에 시험관 입구를 댄 채 참을성 있게 기다리면서 모기가 빨리 날아오르기를 빌었다. 마침내 그가 큰 소리로 외쳤다.

"됐다! 모기가 물었어. 러지어 박사, 모기가 물었다고!"

그리고 그게 다였다. 정신없이 바쁘게 작업을 하던 오후에 실험 일정을 맞추려 잠시 짬을 낸 것뿐이었다. 얼마 지나지 않아 캐럴은 방금 일어난 일을 까맣게 잊어버렸다. 모기에게 물린 상처는 가렵지도 않았다.

쿠바를 덮친 황색 죽음

이 두 명의 의사는 왜 모기에게 물리기 위해 애를 쓰고 있었을까? 지금은 비록 자신이 하는 일에 대한 신념을 잃어 가는 상태였지만 두 사람이 한 달 전쯤 쿠바에 온 것은 19세기 가장 무섭고 치명적인 병으로 손꼽히던 황열병의 원인을 밝혀내기 위해서였다.

두 사람이 탄 배가 쿠바의 수도 아바나의 거대한 항구로 들어섰을 때 러지어와 캐럴은 아름답기로 이름난 섬을 한시라도 빨리 보기 위해 갑판에 나와 있었다. 바람에 흔들리는 야자나무가 무성한 초록빛 언덕이 도시 위로 솟아올라 있었고, 항구는 거대한 돌 요새로 둘러싸여 있었다. 성벽 안쪽으로는 화사한 색깔의 집과 교회의 높은 첨탑, 정교하게 장식된 건물 들이 언뜻언뜻 보였다. 아바나가 '기둥의 도시(Ciudad des las Columnas)'

라는 이름을 얻은 것은 바로 이런 풍경 때문이었다.

그러나 이런 풍경과 어울리지 않게 항구 한가운데에는 검게 부식된 낡은 선체가 수면 위로 솟아 있었다. 두 사람 모두에게 못 보고 지나칠 수 없는 광경이었다. 이는 바로 2년 전 스페인군에 의해 폭파되어 침몰한 미군의 함정, 메인호의 잔해였다. 침몰 당시 승선하고 있던 해군 260여 명이 목숨을 잃었고 이 사건으로 미국-스페인전쟁이 시작되었다. 러지어와 캐럴은 당시 미국 전역을 뒤흔든 '메인호를 기억하라! 스페인을 타도하라!'라는 구호를 기억했다. 그리고 지금 두 사람의 눈앞에는 미국을 전쟁으로 끌어들인 배의 잔해가 놓여 있었다. 이 전쟁은 결국 미국의 승리로 끝이 났고 그 결과 스페인의 식민지였던 쿠바섬은 미국의 차지가 되었다.

1900년 당시 쿠바에 5만 명 이상 주둔하고 있던 미군은 걱정이 태산이었다. 전쟁이 끝난 뒤에도 군인들이 계속 죽어 나가고 있었기 때문이다. 바로 황열병 때문이었다. 황열병으로 죽은 군인들이 전투에서 전사한 군인들보다 훨씬 더 많을 지경이었다. 또한 군인을 가득 태운 함정이 쿠바섬과 미국 본토를 계속 오가고 있었으므로 황열병에 감염된 군인이 미국 본토로 들어가 황열병을 유행시킬 위험이 커지고 있었다.

미군은 이런 위험에 종지부를 찍어야 했다. 18세기와 19세기에 걸쳐 미국 전역의 도시들은 무섭게 덮쳐오는 황열병 유행으로 몸살을 앓아 왔다. 황열병은 '황색 죽음(yellow death)'이라는 악명을 얻었고 공포의 대상으로 자리 잡았다. 1793년 필라델피아에서는 단 한 차례의 황열병 유행으로 도시 인구의 10퍼센트에 달하는 사람들이 목숨을 잃었다. 특히 황열병과 관련해 운이 없었던 뉴올리언스는 1878년까지 무려 여섯 차례나 황열병의 습격에 시달렸다. 마지막으로 찾아온 1878년의 황열병 유행은 뉴올리언스를 비롯한 미국 131곳의 도시와 마을을 강타했다. 황색 죽음으로부터 안전한 곳은 어디에도 없는 듯했다. 하지만 여기 쿠바에서 미군은 황열병 문제를 최종적으로 해결할 기회를 잡으려 하고 있었다.

연구진이 소집되다

캐럴과 러지어 외에도 미군은 두 명의 의사를 더 불러들였다. 연구진을 이끌 월터 리드(Walter Reed) 소령과 소령을 도울 아리스티데스 아그라몬테

황열병을 치료하는 방법이라고?

모기가 황열병을 전염시킨다는 사실을 이해하기 전까지 황열병 유행을 막을 방법이 없는 것처럼 보였다. 1793년 필라델피아에서 황열병이 발생했을 때 의사들은 사람들에게 자신이 알고 있는 최선의 조언을 했다.

"심신이 피로해지지 않도록 주의할 것. 외풍이나 직사광선을 맞거나 저녁 공기를 쐬면서 서 있거나 앉아 있지 말 것."

"날씨에 맞춰 옷을 챙겨 입을 것. 폭음을 삼갈 것. 와인, 맥주, 사과주를 자제할 것."

"황열병 환자를 방문할 때는 식초를 적시거나 장뇌로 문지른 손수건을 가져갈 것. 식초나 장뇌를 작은 유리병에 담아 가지고 다니면서 자주 그 냄새를 맡을 것."

"황열병에 걸린 환자는 집에서 가장 넓고 통풍이 잘되는 방 한가운데 커튼 없는 침대에 눕혀 놓을 것."

"공기를 맑게 하기 위해 화약을 태울 것. 식초와 장뇌를 일상적으로 사용할 것."

그 어떤 조언도 효과가 없었다. 황열병 유행으로 불과 석 달 사이에 5,000명이 넘는 사람이 목숨을 잃었다. 마침내 유행이 멈춘 것은 가을의 차가운 한파가 몰려와 도시 주변 물웅덩이와 늪에서 번식하는 모기 유충들이 얼어 죽었기 때문이었다.

(Aristides Agramonte)였다. 이 네 사람은 모두 능력이 뛰어난 의사들이었다. 세균학자인 리드와 캐럴은 병의 원인을 밝히고 치료 약과 치료 방법을 개발하는 분야의 전문가였다. 두 사람은 워싱턴 D.C에 있는 군 소속의 의학대학에서 몇 년 동안 짝을 이루어 함께 일을 해 왔다. 러지어는 볼티모어에 위치한 존스홉킨스 대학의 임상검사소를 이끌고 있었으며 아그라몬테는 경험이 많은 의학 조사관이었다.

쿠바에 있는 미군 기지인 캠프 컬럼비아에 집결한 연구진의 임무는 아주 간단했다. 바로 황열병을 일으키는 원인을 찾아내는 것이었다. 이는 간단하게 보이지만 엄청나게 모험적인 임무였다. 네 사람 모두 이 임무를 맡았을 때 성공 가능성이 희박하다는 사실을 잘 알고 있었다. 쿠바섬 전역에서는 해마다, 특히 우기가 찾아올 무렵이면 황열병이 유행하여 수백에서 수천 명의 사람이 목숨을 잃었다.

황열병의 첫 번째 증상은 오한과 극심한 두통, 팔다리와 허리의 끔찍한 통증이었다. 또한 초기에는 맥박이 빨라지거나 위경련이 일어나기도 했다. 그다음 열이 나면서 체온이 위험한 수준까지 치솟았다. 40도 또는 그 이상까지 오르는 경우도 있었다. 그러다 며칠이 지나면 피부와 눈의 흰자위가 노랗게 변하는 황달 증상이 나타났다. 병독이 간까지 침범했다는 뜻이었다. 이 병에 '황열병'이라는 이름이 붙은 것은 바로 이 무서운 증상 때문이었다. 병세가 막바지에 이르면 환자는 검은 핏덩어리를 토했다. 이 지경이 되면 그저 죽음을 기다리는 수밖에 없었다. 이 상태에서 환자가 고통스러운 죽음을 맞이하기까지 2주일 이상 걸리기도 했다.

황열병에 걸리는 경로는 수수께끼로 남아 있었다. 병에 걸린 환자의 옷이나 이불보에 접촉하면 걸리는 것인가? 황열병을 일으키는 균이 공기를 통해 이 사람에서 저 사람으로 옮아가는 것인가? 병균에 감염된 음식이나 물을 통해 전염되는가? 황열병을 연구하는 학자마다 가설이 달랐다. 어떤 가설도 그 가설을 뒷받침하는, 또는 반박하는 확실한 증거가 없었다. 이런 사정 때문에 월터 리드는 자신이 이끄는 연구진은 가장 엄격한 기준을 지키면서 연구를 진행해야 한다고 결정했다. 실험 방법은 지극히 명확해야 하며 실험 결과가 나오기까지 인고의 시간을 견뎌야만 했다. 그 이전에도 황열병의 원인을 밝히려는 수많은 연구가 있었지만 리드와 연구진은 자신들의 연구가 마지막이 되기를 바랐다.

캠프 컬럼비아

1900년 6월 말, 네 명의 의사로 구성된 연구진은 컬럼비아 기지의 의무대에 있는 숙소의 널찍한 베란다에 모여 앞으로의 계획을 의논했다. 이제막 우기가 시작되었기 때문에 곧 있으면 의무대의 침상은 환자들로 가득차게 될 터였다. 리드 소령의 제안에 따라 네 의사는 황열병 전염에 대한세 가지 가설을 증명하는 일에 당장 착수하기로 했다.

첫 번째로 연구진은 이탈리아에서 들려온 가설에 관심을 가졌다. 이탈리아의 과학자인 주세페 사나렐리(Giuseppe Sanarelli)는 황열병을 일으키는세균인 바실루스 익테로이데스(Bacillus icteroides)를 분리해 냈다고 주장했다. 사나렐리의 주장을 확인하기 위해 연구진은 황열병으로 사망한 환자를 부검하고 조직 표본을 채취한 다음 표본에서 이 세균을 배양해 볼 계획이었다. 이 실험에서는 세균학자인 캐럴의 기술이 중요한 역할을 하게 될 터였다.

황열병의 원인에 대한 또 다른 가설은 이 병이 환자의 옷이나 이불보를 통해 전염된다는 것이었다. 네 사람 모두 황열병의 원인은 세균이라는 쪽으로 의견이 기울어 있었지만 이 가설 또한 조사해 보기로 결정했다.

그리고 세 번째로 연구진은 아바나의 한 의사가 제안한 잘 알려지지 않은 가설을 검증해 보기로 했다. 카를로스 후안 핀라이(Carlos Juan Finlay) 박사는 모기에게 물린 상처를 통해 황열병이 전염된다는 주장을 증명하기 위해 20년이 넘도록 노력해 왔다. 대다수의 사람은 핀라이의 가설이 얼토당토않다고 생각했지만 리드가 이끄는 연구진은 어떤 실마리라도 기꺼이 잡을 준비가 되어 있었다. 연구진은 핀라이의 가설도 검증해 볼 작정이었다.

아바나로 향하다

네 사람은 아바나 시내에 있는 핀라이 박사의 집에 방문할 약속을 서둘러 잡았다. 네 사람은 볼란테 마차(쿠바에서만 볼 수 있는 바퀴가 높은 마차)를 타고 바퀴 자국투성이의 먼지 가득한 길을 따라 덜컹거리며 아바나 시내로 향했다. 이들 중 어느 누구도 핀라이 박사의 가설이 들어맞을 것이라고 기대하지 않았다. 어쨌든 아바나는 최신 과학과는 거리가 먼 시골 동네가 아닌가. 여기에서 무슨 과학 연구가 이루어질 수 있겠는가?

흰 수염을 기르고 안경을 쓴 핀라이 박사는 네 사람을 정중하게 맞이

했다. 그날 밤 모인 다섯 명의 의사들은 잡담으로 시간을 낭비하지 않았다. 핀라이는 바로 본론으로 들어갔다.

"리드 박사, 당신의 연구진이 조사할 문제는 '황열병의 원인은 무엇인가'보다 '황열병은 어떻게 전염되는가'가 되어야 하지 않겠습니까?"

핀라이 박사는 이 질문에 대한 해답을 이미 확신하고 있었다. 지원자를 모기에 물리게 하는 실험을 벌써 103회나 거듭했기 때문이다. 그러나 핀라이는 과학 실험을 어떻게 설계해야 하는지 잘 몰랐으므로 이 실험에서 그가 도출한 결론은 의학계의 인정을 받지 못했다. 실험할 때 모기에게 물린 피험자를 격리하지 않았던 것이다. 핀라이 박사의 가설에 반대하는 사람들은 피험자가 모기에게 물려 황열병에 감염될 수 있는 만큼 다른 황열병 환자에게서 병이 옮았을 수도 있다고 주장했다.

핀라이는 리드의 연구진에게 자신이 시작한 연구를 마무리 지어 달라고 부탁했다. 박사는 이집트숲모기가 황열병을 옮긴다고 확신하고 있었다. 그는 모기가 사람을 물 때 길게 튀어나온 주둥이를 피부에 꽂은 다음 피를 빨아 먹는다고 설명했다. 황열병 환자의 경우 그 피가 황열병 병원균으로 감염되어 있을 터였다. 그러므로 황열병 환자를 물었던 모기가 다른 사람을 물면 모기를 통해 병원균이 다른 건강한 몸으로 침투하여 황열병을 일으키게 된다는 말이었다.

연구진이 핀라이 박사의 집을 나설 무렵 그는 제시 러지어의 손에 작은 단지 하나를 쥐여 주었다.

"모기 알입니다. 2주만 기다리면 실험에 사용할 수 있는 모기떼를 얻게 될 겁니다. 행운을 빕니다."

89

그날 밤 병영으로 돌아온 네 명의 의사는 몇 시간 동안 잠을 이루지 못하고 각자 핀라이 박사의 주장을 곱씹었다. 다음 날 아침, 네 사람은 당장 이 모기 가설을 검증하는 작업에 착수하기로 의견을 모았다.

며칠 뒤 네 의사는 또 다른 결정을 내려야 했다. 달리 방도를 찾을 수 없는 문제가 하나 있었기 때문이다. 핀라이의 가설을 검증하기 위해서는 모기를 키워 황열병 환자를 한번 물게 한 다음 건강한 사람을 물게 만들어야 했다. 핀라이의 가설이 옳다면 실험에 참가한 피험자가 황열병에 걸리는 결과가 나올 터였다. 네 의사는 자신들부터 목숨 걸 각오를 하지 않고서는 캠프 컬럼비아의 군인들이나 인근에 사는 쿠바인들에게 위험을 감수해 달라고 부탁할 수 없다는 데 의견을 모았다. 그로부터 3주 후인 8월 27일 제시 러지어는 모기가 제임스 캐럴의 팔을 물도록 놔두었다.

문제가 쌓여 가다

모기에게 물린 지 사흘이 지났지만 제임스 캐럴의 몸에는 아무런 이상이 나타나지 않았다. 캐럴 박사는 평소처럼 현미경으로 조직 표본을 열심히 들여다보며 황열병 환자의 조직 표본에서 바실루스 익테로이데스를 찾고 있었다. 캐럴은 네 명의 연구진 가운데 모기 감염설을 가장 못 미덥게 여기는 사람이었다. 캐럴은 황열병의 비밀에 이르는 해답은 사육된 곤충이 아닌 현미경 아래에서 발견될 것이라 확신하고 있었다.

그러나 8월 30일 캐럴은 열이 살짝 오르는 것을 느꼈다. 오후에 더위를 식히기 위해 러지어와 함께 수영을 하러 간 참이었다. 그런데 물 밖으로 나오는 순간 몸이 떨리더니 머리가 깨질 듯이 아프기 시작했다. 캐럴을 진찰한 군의관은 무뚝뚝한 말투로 캐럴이 황열병에 걸렸다고 말했다. 군의관의 말을 믿지 않은 캐럴은 그대로 돌아와 아무 일도 없었던 듯 계속 연구를 했다. 그러나 이튿날 열이 39도까지 오르자 캠프 컬럼비아의 의무대에 있는 황열병 병동에 입원할 수밖에 없었다. 캐럴이 무슨 병에 걸렸는지에 대해서는 의심할 여지가 없었다.

캐럴의 발병으로 충격을 받은 연구진은 앞으로 무엇을 어떻게 해야 할지 갈피를 잡지 못했다. 더구나 월터 리드 박사는 이전에 관여하고 있던 연구에 대한 보고를 마무리하기 위해 얼마 전 미국으로 떠난 참이었다. 러지어와 아그라몬테는 리드에게 전보를 보내 캐럴의 소식을 알렸다. 죄책감에 사로잡힌 리드는 동료에게 보낸 편지에 이렇게 썼다.

"일이 이토록 불행한 사태로 치닫게 된 것에 대해서 얼마나 비통하고 울적한 기분이 드는지 도무지 말로 형용할 수 없는 지경입니다. 애초부터 우리는 우선 우리 자신을 대상으로 실험해야 한다고 결정했었죠. 나도 쿠바에 있었으면 똑같은 일을 했을 겁니다. 그런데 캐럴이 병에 걸린 이유가 정말 그 모기 때문인 걸까요?"

천만다행으로 캐럴의 병은 목숨을 위협할 만큼 위중하지 않았다. 9월 6일 캐럴은 위험한 고비를 무사히 넘겼고 리드 박사가 보낸 축하 편지를 읽을 수 있을 만큼 기력을 회복했다.

"만세! 오늘 쿠바에서 온 소식으로 하느님을 찬양하세! 평생 동안 이토록 안도감이 든 적이 있었는지 기억나지 않을 정도입니다. 박사의 회복 소식에 얼마나 마음이 놓이던지…"

편지 봉투의 뒷면에는 리드 박사가 서둘러 갈겨 쓴 듯한 질문이 한 줄 적혀 있었다. 이는 그들 모두의 마음을 사로잡고 있는 질문이었다.

"정말 모기의 소행일까요?"

모든 증거에 따르면 러지어가 캐럴의 팔에 놓아 준 그 기운 없는 모기가 캐럴에게 황열병을 일으킨 주범인 것이 틀림없어 보였다. 하지만 캐럴이 황열병에 걸렸다는 사실 하나만으로는 이 병이 모기를 통해 전염된다는 가설을 증명하기에 충분치 않았다. 캐럴이 병원에서 황열병 환자들과 접촉하는 동안, 또는 실험실에서 감염된 조직 표본을 다루는 동안 병원균에 노출되었을 가능성도 무시할 수 없었다. 좀 더 많은 증거가 필요했다. 즉 모기가 다른 사람에게도 황열병을 옮기는지 확인해야 했다.

그러나 과연 어느 누가 이토록 위험한 임무에 지원한단 말인가. 캐럴은 너무나 쇠약해져 있었고, 아그라몬테와 러지어는 연구진의 추측에 따르면 황열병에 면역이 되어 있었다. 연구진은 한 번 황열병에 걸렸다 회복한 사람은 다시는 황열병에 걸리지 않는다는 사실을 잘 알고 있었다. 쿠바에서 나고 자란 아그라몬테는 어린 시절 황열병을 가볍게 앓고 회복했을 가능성이 있었다. 러지어는 감염된 모기에게 이미 여러 차례 물렸지만 아직까지 어떤 황열병 증상도 보이지 않았다. 그리고 리드는 아직 미국에서 돌아오지 않고 있었다. 나중에 알게 된 일이지만 이 문제에 대한 해결책은 그날 오후 느지막이 실험실을 찾아왔다.

윌리엄 딘(William Dean) 일병은 쿠바에 처음으로 발을 디딘, 캠프 컬럼비아의 군인이었다. 딘 일병은 쿠바에 오기 전에 단 한 번도 황열병 환자와 접촉한 경험이 없었으며 한편으로는 이 허름한 실험실에서 진행 중인 색

다른 실험에 호기심을 느끼고 있었다. 그날 딘은 실험실 앞을 지나가다 문 안을 들여다보았고 러지어와 눈이 마주쳤다.

"아직도 그 모기를 가지고 놀고 계신 거예요?"

딘이 물었다.

"그렇죠. 한번 물려 볼래요?"

러지어가 물었다.

"그러죠, 뭐. 그깟 모기가 뭐가 무섭다고요."

일주일 후 숨이 넘어갈 정도로 급하게 실험실로 뛰어 들어온 아그라몬테는 딘이 그날 아침 열과 오한, 두통을 호소하며 병영 의무대에 입원했다는 소식을 전해 러지어를 놀라게 했다. 이는 황열병의 전형적인 초기 증상이었다. 딘의 발병이 연구진에게 필요한 증거가 될 수 있을까?

이놈의 모기!

더운 여름 산속 오두막에서 밤을 보내거나 캠핑을 해 본 사람이라면 누구나 귓전에서 윙윙거리는 모기만큼 사람을 잠 못 자게 하는 것이 없음을 알 것이다. 다음 날 아침이면 모기에게 물린 자국이 또 어찌나 가려운지!

일반적인 경우 모기와의 불쾌한 만남은 가려운 상처만을 남기고 끝나기 마련이다. 하지만 운이 나쁘면 훨씬 더 심각한 결과로 이어질 수도 있다.

모기는 황열병을 비롯한 수많은 질병을 사람에게 전염시킨다. 이 중에는 위험하고 치명적인 병도 있다. 모기는 지역에 따라 말라리아와 뎅기열, 리프트계곡열, 웨스트나일 열병, 뇌염을 전염시킬 수 있다. 매년 무려 7억 명에 이르는 사람들이 모기에 의해 감염되는 병에 걸리는 것으로 추정된다.

93

다행히도 딘 일병의 병세는 비교적 가벼웠고 얼마 지나지 않아 회복기에 들어섰다. 캐럴 또한 속도가 더디긴 하지만 꾸준히 회복하고 있는 중이었고 모기 감염설에 대한 근거 또한 착실하게 쌓이고 있었다. 모든 것이 잘 돌아가는 듯 보였다. 그러나 바로 그 무렵 마른하늘의 날벼락처럼 재난이 닥쳤다. 제시 러지어가 황열병으로 쓰러진 것이다.

어떻게 이런 일이 일어난 걸까? 러지어는 이 일이 사고라고 주장했다. 환자에게 시험관을 대고 있을 때 야생 모기 한 마리가 자신의 손 위에 앉았다는 것이다. 황열병에 면역이 되어 있다고 자신하던 러지어는 이미 잡은 모기를 놓칠 위험을 감수하며 야생 모기를 쫓아내는 대신 야생 모기가 자신을 물도록 내버려 두었다. 황열병 병동에 누운 러지어가 동료들에게 들려준 이야기에 따르면 그랬다. 그러나 나중에 아그라몬테와 캐럴은 러지어가 병으로 쓰러지기 전 며칠 동안 작성한 연구 노트를 뒤적거리다가 러지어의 필적으로 적힌 수수께끼 같은 기록을 발견했다.

"9월 13일 기니피그가 모기에게 물림. 이 모기는 8월 6일 태너를 문 모기가 낳은 알에서 부화하여 자란 모기로, 8월 30일 수아레스, 9월 2일 에르난데스, 9월 7일 드 롱, 9월 10일 페르난데스를 물었음."

아그라몬테와 캐럴은 자신들의 실험에 동물을 쓰지 않는다는 사실을 너무나 잘 알고 있었다. 러지어가 말한 기니피그는 도대체 누구를 가리키는 것일까? 혹시 러지어가 자신에게 실험을 하려 했던 것일까? 그래서 러지어는 황열병 환자를 문 모기에게 일부러 물렸던 것일까? 그러나 동료들이 의심적은 부분을 따져 묻기도 전에 제시 러지어는 모기에게 물린

지 열흘 만에 황열병으로 세상을 떠났다.

리드가 돌아오다

서둘러 쿠바로 돌아온 월터 리드는 완전히 혼란에 빠져 있는 연구진을 발견했다. 러지어는 세상을 떠났고 아직 병석에서 일어나지 못한 캐럴은 몸이 아주 쇠약해져 있었으며, 아그라몬테는 동료들에게 일어난 비극으로 마음이 극도로 혼란한 상태였다. 그러나 이 모든 비극적인 사태에도 중대한 과학적 발견이 이루어졌다는 사실은 변하지 않았다. 어쩌면 이 연구를 통해 황열병의 전염 경로를 밝힐 수 있을지도 몰랐다.

당장 조사에 착수한 리드는 딘 일병을 만나 이야기를 나누었다. 황열병이 모기로 전염된다는 가설을 증명하려면 딘 일병이 모기에게 물린 일 말고는 황열병에 노출된 적 없다는 것을 증명해야 했다. 딘은 자신이 캠프 컬럼비아 바깥으로 한 발짝도 나간 일이 없으며 의무대의 황열병 병동 근처에도 가지 않았다고 주장했다. 수수께끼는 풀린 듯 보였다.

그로부터 한 달 뒤인 10월 23일, 리드는 미국으로 돌아가 미국 공중보건학회에 쿠바에서 실행한 실험과 연구진이 내린 결론을 설명하는 보고서를 제출했다.

"모기는 황열병의 중간숙주(매개체) 역할을 한다."

그러나 의학계는 이 결론을 받아들이지 못했다. 학계는 리드에게 단 하나의 사례만으로는 어떤 가설도 증명할 수 없다고 이야기했다. 가설을 확실하게 증명하기 위해서는 피험자가 모기 말고는 황열병에 노출된 적

95

이 전혀 없다는 사실을 분명하게 확인시켜 줄, 좀 더 엄격하게 통제한 실험을 거듭할 필요가 있었다.

적어도 과학자들은 리드의 보고를 경청했지만 리드의 가설을 진지하게 받아들이지 않는 사람들도 있었다. 〈워싱턴 포스트〉는 리드의 가설을 "얼토당토않고 이치에 맞지 않으며 쓸데없이 복잡하기만 하다."고 평했다. 그러나 비판과 조롱의 목소리가 높아질수록 리드 박사는 결심을 단단히 굳혔다. 쿠바로 향하는 배에 오르면서 리드는 모기가 황열병을 전염시킨다는 가설에서 의혹의 그림자를 모두 떨쳐 낼 때까지 쿠바를 떠나지 않겠다고 맹세했다.

격리 실험과 금화 100달러

캠프 컬럼비아의 연구진은 다시 조사에 착수했다. 리드는 레너드 우드 장군을 설득한 끝에 1만 달러를 지원받기로 했다. 이는 오늘날의 25만 달러와 맞먹는 큰 액수였다. 이 지원금으로 리드는 군 기지의 격리된 지역에 실험용 오두막을 지었다. 실험을 진행하는 동안 이 오두막에 실험 참가자들을 격리할 계획이었다. 새로운 연구 부지는 제시 러지어의 희생을 기리는 뜻에서 '캠프 러지어'라는 이름이 붙여졌다. 그러나 연구진이 아직 결정하지 못한 문제가 한 가지 남아 있었다. 과연 누구를 이 실험에 참가시킬 것인가?

남은 세 명의 의사는 이 문제에 대해 이야기하고 또 이야기했다. 이 문제를 해결하는 유일한 방법은 여전히 그 모든 위험을 감수한 채 지원자를 모으는 것밖에 없어 보였다. 이번에 의사들은 실험에 지원하는 이들 모두가 실험에서 일어날 수 있는 위험을(어쩌면 죽을지도 모른다는 것을) 확실하게 이해하고 있는지 반드시 확인할 작정이었다. 여기에 더해 모든 지원자는 젊고(황열병이 나이 든 사람에게 한층 치명적이기 때문에), 건강하고, 미혼(실험 때문에 혹여 과부나 고아가 생기는 일이 없도록 하기 위해서)이라는 조건을 만족시켜야 했다.

연구진은 실험에 참가하겠다고 지원한 이들에게 각각 금화로 100달러씩을 지급하기로 했다. 그리고 실험 도중 황열병에 걸리면 100달러를 추가로 지급할 예정이었다. 이 금액은 쿠바에 주둔하는 미군에게도, 가난한 쿠바인에게도, 그 지역의 많은 빈곤한 스페인 이주민에게도 유혹적인 제안이었다. 연구진은 얼마 지나지 않아 상세 동의서에 기꺼이 서명하려는 지원자를 충분히 모을 수 있었다.

11월 20일 캠프 러지어에서 마침내 실험이 시작되었다. 캠프 러지어는 캠프 컬럼비아의 외부에 있는 넓은 공터에 불과했다. 리드 박사는 공터에 들어선 두 채의 오두막 옆에 연구원과 직원 들이 머물 텐트를 설치했다. 오두막은 실험 중인 피험자들이 머물 공간이었다. 캠프 러지어 인근 지역에서는 황열병 환자가 보고된 적이 없었다. 리드 박사는 이곳을 외부와 완전히 차단하기 위해 캠프 주위를 날카로운 철조망으로 에워쌌다.

11월 30일 연구원들은 첫 번째 실험을 시작했다. 황열병이 옷가지를 통해 감염되는지를 검증하기 위한 실험이었다. 세 명의 지원자가 황열병 환자가 입고 있던 잠옷과 속옷을 입은 채 황열병 병동에서 가져온 이부자리를 간 침대에서 잠을 잤다. 옷가지와 이부자리 모두 전혀 세탁하지 않은 상태였고, 여기에는 이를 마지막으로 사용한 환자들의 대소변과 토사물, 피가 잔뜩 묻어 있었다. 지원자들은 3주 동안 오두막에서 한 발짝도 나오지 않고 그 안에서만 생활했다. 그때까지 황열병에 걸린 사람은 나오지 않았다.

리드는 각각 다른 지원자를 대상으로 같은 실험을 세 차례 반복했다. 결과는 똑같았다. 실험을 할 때마다 지원자들은 3주라는 심판의 시간을 무사히 견뎌 내고 황열병에 걸리지 않은 채 오두막을 나섰다. 이런 철저한 실험 끝에 리드는 황열병에 관한 가장 널리 퍼진 주장이 틀렸다는 사실을 증명할 수 있었다.

리드는 당장 다음 실험에 착수했다. 실험용 오두막 한 채의 내부에 가는 철사로 만든 촘촘한 철망을 천장부터 바닥까지 방을 가로질러 설치했다. 오두막 내부를 두 개의 공간으로 나누기 위한 조치였다. 12월 21일 연구원들은 황열병 환자를 문 적이 있는 모기 열다섯 마리를 오두막의 한 편에 풀어놓았다. 그리고 한 지원자를 모기들이 윙윙대며 날뛰는 이곳으로 들여보냈다. 이와 동시에 다른 지원자 두 명을 모기가 없는 오두막의 다른 한쪽 공간으로 들여보냈다. 세 명의 남자는 한 오두막에서 함께, 그러나 가는 철망으로 분리된 채 이틀 동안 머물렀다. 그 이틀 동안 모기 구역으로 들어간 불운한 남자는 모기에게 물리고 또 물렸다.

이틀이 지난 후 모기 구역에 있던 남자는 자신의 텐트로 돌아왔고 다른 두 명의 지원자는 그대로 오두막에 남아 생활했다. 의사들은 매일같이 모기에게 물렸던 지원자를 주의 깊게 살폈다.

크리스마스 날 월터 리드는 그 지원자의 상태를 확인하기 위해 그의 텐트를 찾아갔다. 모기에게 물린 지원자 존 모런(John Moran) 일병은 얼굴

인체 실험

쿠바의 연구진을 이끈 월터 리드는 모기가 황열병을 전염시키는 매개체라는 가설을 입증하려면 사람을 대상으로 한 실험이 꼭 필요하다는 것을 잘 알고 있었다. 박사는 실험에 지원하는 이들이 모두 자신이 감수하려는 위험이 무엇인지 제대로 이해하고 있기를 원했다. 당시 리드 박사가 모든 지원자에게 읽고 서명하도록 한 문서는 가장 초기의 '사전동의서'로 여겨진다. 오늘날 인체 실험은 실험 지원자들에게 반드시 사전동의서를 받도록 규정하고 있다.

그러나 안타깝게도 모든 인체 실험이 리드의 실험만큼 윤리적인 기준을 지키면서 이루어진 것은 아니다. 2차 세계대전이 막을 내린 이후, 나치 치하의 독일에 수감되었던 포로들이 잔혹한 인체 실험의 대상이 되었다는 사실이 전 세계에 밝혀졌다. 그리고 그 결과 뉘른베르크 강령으로 불리는 국제 협약이 탄생했다. 이에 따르면 인체 실험에서 실험자는 반드시 피험자의 동의를 구해야 하며 효율적으로 실험을 설계해 안전하게 실행해야 한다.

그러나 뉘른베르크 강령 이후에도 연구자들이 항상 이 원칙을 잘 지킨 것은 아니다. 미국 공중보건국과 터스키기 대학은 공동으로 주관한 한 실험에서 매독에 걸린 흑인 농장 일꾼 399명을 무료로 치료해 준다고 꾀어 실험에 참가시켰다. 그러나 의학 연구원들은 매독의 진행 과정을 알아내기 위해 피험자들의 병세가 악화되어 가는 모습을 그저 지켜보기만 했다. 1932년에 시작한 이 연구는 1972년까지 계속되었다.

오늘날 세계의사회는 사람을 실험 대상으로 하는 과학 연구는 엄격한 윤리 기준을 지켜야 한다고 규정하는 지침들을 발표하고 있다. 각 대학과 국립 연구소에서는 어떤 연구의 자금을 승인하기에 앞서 윤리위원회가 연구 계획을 꼼꼼하게 조사한다. 리드가 쿠바에서 선구적으로 실천했던 사전동의서의 원칙은 오늘날 사람을 대상으로 하는 모든 실험의 토대가 되었다.

이 벌겋게 상기된 채 침대에 누워 있었다. 체온은 39도까지 올라가 있었다. 황열병에 걸린 것이다.

모기가 없는 공간에 머물렀던 두 명의 지원자는 건강했다. 마침내 승리를 거둔 것이다. 실험에 참가한 지원자 모두 실험을 진행하는 동안 철저하게 격리되었기 때문에 모기가 사람들 사이에 황열병을 옮긴다는 가설은 확실하게 증명되었다. 다행히 모런 일병은 무사히 건강을 회복했다.

클라라 마스는 지원자인가, 희생자인가?

월터 리드의 황열병 연구에 참가하고 싶다고 지원한 사람들은 군 기지의 신병이나 쿠바의 지역 노동자들로 대부분 남자였다. 금화 100달러의 유혹은 황열병에 걸릴지도 모른다는 두려움을 극복하기에 충분했다. 게다가 지원자들은 실험 중에 황열병에 걸릴 경우 훌륭한 의학적 치료를 받을 수 있다는 약속을 받았다. 이는 실험과 관계없이 황열병에 걸리는 경우에는 기대할 수도 없는 혜택이었다.

그런데 이 실험에 지원한 여성이 한 사람 있었다. 바로 클라라 마스(Clara Maass)다. 마스가 실험에 지원한 이유는 돈이 아니었다. 간호장교인 그녀는 필리핀과 쿠바에서 근무하는 동안 황열병이 휩쓸고 지나간 잔혹한 현장을 바로 눈앞에서 목격한 적이 있었다. 마스가 실험에 참여하기로 결심한 이유는 바로 황열병과의 싸움에 동참하고 싶었기 때문이었다.

그녀는 황열병 환자를 물었던 모기에게 한 번 물렸고 그 결과 가벼운 증세의 황열병에 걸렸다가 건강을 회복했다. 그로부터 몇 달 후 마스는 자신에게 황열병에 대한 면역이 생겼는지 확인하기 위해 한 번 더 모기에게 물렸다. 하지만 황열병에 면역이 생기지 않은 것으로 나타났다. 1901년 여름, 마스는 황열병으로 숨을 거두었다.

마스의 죽음으로 미국 전역에서 황열병 실험에 반대하는 여론이 빗발치면서 결국 사람을 피험자로 삼는 황열병 연구가 중단되기에 이르렀다. 그러나 간호장교로서 마스는 자신이 어떤 위험을 감수하고 있는지 잘 알고 있었다. 그녀는 목숨을 잃는 한이 있어도 황열병을 몰아내려는 노력에 힘을 보태고 싶었던 것이다.

실험 때문에 목숨을 잃는 희생자는 더 이상 나오지 않았다.

오늘날의 황열병

쿠바에서 월터 리드의 연구진이 노력한 덕분에 세계 여러 지역에서 황열병의 유행은 이제 과거의 일이 되었다. 사람들이 모기를 막기 위해 방충망이나 방충제 등을 이용하면서 모기에 물리는 일이 예전에 비해 크게 줄어들었고, 도시가 확장됨에 따라 늪과 습지가 말라 버려 모기가 서식할 환경도 점차 줄어들었다.

하지만 오늘날에도 황열병은 남아메리카와 아프리카의 수많은 지역에서 여전히 위협적인 질병으로 남아 있다. 매년 약 20만 명이 황열병에 걸리고, 그중 3만 명이 목숨을 잃는다. 그리고 이 숫자는 점점 더 늘어나고 있다. 사람을 물어 황열병을 전염시키는 이집트숲모기가 도시에 다시 나타나고 있기 때문이다. 작고 어두운 빛깔을 띠며 다리에 하얀 무늬가 있는 이 모기는 깨끗한 물이 없고 위생 설비가 없는 곳을 좋아한다.

오스트레일리아의 과학자 스콧 오닐(Scott O'Neill)은 황열병을 비롯하여 모기로 인해 전파되는 전염병을 박멸할 계획을 세우고 있다. 그는 무해한 세균인 '볼바키아(wolbachia)'를 몸 안에 품고 있는 모기 종을 키워 냈다. 이 세균은 바이러스와 경쟁하여 바이러스가 모기 몸 안에서 증식하지 못하게 막는다. 그 결과 모기가 사람들에게 바이러스를 전파할 가능성이 크게 낮아진다. 오닐은 자신이 특별하게 키워 낸 모기들을 오스트레일리아의 퀸즐랜드에 있는 집들의 뒷마당에 처음으로 풀어주었다. 그 모기들이 야생의 모기들과 짝짓기를 하고 자손들에게 볼바키아를 전해 주기를 바라는 마음에서였다.

오닐의 방법은 효과가 있었다. 퀸즐랜드에서 뎅기열이 거의 자취를 감춘 것이다. 오닐이 운영하는 세계 모기 프로그램에서는 볼바키아를 품고 있는 모기들을 세계 여러 나라에 풀어놓고 있다.

백신

1936년 뉴욕의 록펠러 재단에서 일하던 바이러스학자 막스 타일러(Max Theiler)는 세계 최초로 황열병 백신을 개발해 냈다. 그 후 10년 동안 록펠러 재단은 2,800만 회분의 백신을 생산하여 전 세계에 배포했다. 황열병 공포를 끝내기 위한 노력의 하나였다. 백신을 연구하다가 황열병에 걸린 타일러 박사는 다행히 건강을 회복했고, 백신 개발의 공을 인정받아 1951년 노벨 의학상을 받았다.

우리는 이따금 백신이 생명을 구한다는 말을 듣는다. 하지만 실제로 생명을 구하는 것은 백신 접종이다. 백신이 시험관에 들어 있기만 하면 질병 확산을 막는 데 아무런 역할도 하지 못한다. 황열병을 예방하는 효과가 뛰어난 백신이 존재하지만 사람들이 여전히 황열병에 걸려 목숨을 잃는 것을 보면 과학보다는 사회적, 경제적 정의가 더 큰 영향을 미침을 알 수 있다.

생명을 구하기 위해 백신은 실험실을 떠나 제조업자에게 가야 한다. 그러고는 비행기를 타고 국경을 넘어 세관을 통과한 뒤 진료소에 도착해야 한다. 가끔은 백신이 가장 필요한 집으로 곧장 향하는 일도 있다. 전염병 발생을 막기 위해서는 의료 관련 종사자들이 백신을 운반하는 방법에 대해 훈련을 받고 백신을 다루는 데 적합한 장비를 갖추어야 한다. 그런 다음에야 백신은 질병을 예방하는 역할을 비로소 완수할 수 있다.

백신 접종은 그 지역 사회 전체를 보호한다. 주변의 모든 사람이 백신을 접종하고 어떤 병에 대해 면역이 생긴다면 그 병에 감염된 환자가 한 명 있다 해도 질병이 주변으로 퍼져 나가지 못한다.

오늘날에는 100여 종류가 넘는 전염병에 대해서 백신이 나와 있다.

파나마 운하

파나마 운하는 전 세계에서 가장 중요한 지름길 중 하나다. 파나마 운하가 있기 때문에 배들은 남아메리카를 빙 둘러 돌아갈 필요 없이 대서양과 태평양 사이를 빠르게 오갈 수 있다. 매해 1만 4,000척에 이르는 배들이 이 80킬로미터 길이의 운하를 오간다.

이 운하는 하마터면 건설되지 못할 뻔했다. 바로 모기 때문이었다. 파나마 운하는 북아메리카와 남아메리카 대륙을 잇는 좁은 지협에 위치한 파나마를 가로지른다. 이 지역은 무덥고 습지가 많은 데다 한 해 중 비가 내리는 날이 많다. 모기가 서식하기에 완벽한 환경이다. 1881년 프랑스의 한 회사에서 파나마를 가로질러 배가 오갈 수 있는 운하를 건설하겠다고 처음 계획한 순간부터 1889년 여러 번의 시도를 거듭한 끝에 포기하고 만 순간까지 이 지역은 모기의 지배 아래 놓여 있었다. 이 기간 동안 2만 2000명이 넘는 프랑스 노동자들이 황열병과 말라리아에 걸려 사망한 것으로 추정된다.

프랑스의 뒤를 이어 미국이 운하 건설에 뛰어들었다. 얼마 전 월터 리드의 연구진이 황열병은 모기로 인해 전염된다는 사실을 증명해 냈기 때문에 승산이 있어 보였다. 1904년 미국은 방역 전문가인 윌리엄 고거스(William Gorgas)를 파견하여 운하가 건설될 경로에 있는 늪과 도랑의 물을 말려 버리고는(고인 물을 없애 모기의 유충이 아예 부화하지 못하도록 조치한 것이다) 모기 성충이 서식하는 지역을 연기로 그을려 소독했다. 또한 운하 건설 노동자들이 거주할 숙소에 방충망과 모기장을 설치했다. 그리고 건설 도중 환자가 발생하는 즉시 환자를 특수 격리 시설에 수용했다. 이런 방책은 효과를 거두었다.

파나마 운하가 완공되기까지는 10년이 걸렸으며 1914년 마침내 뱃길이 열렸다. 전 세계에서 가장 훌륭한 이 지름길은 다음번 큰 전염병 유행, 즉 1918년의 스페인독감 범유행을 촉진했다. 여행하는 속도가 한층 빨라지고 국제 무역이 증가하면서 독감 바이러스는 전 세계로 퍼져 나갈 수 있었다. 이런 현상은 20세기 내내, 그리고 21세기에 들어와서도 되풀이되고 있다. 여행이 늘고 무역이 증가하면서 전염병 유행이 한층 빈번해진 것이다.

103

4
용의자
체포 작전

1906년 뉴욕의 장티푸스

소퍼는 메리가 요리사로 일했던
가정을 한 곳씩 찾아가 보았다.
몇 집도 채 지나기 전에 충격적인 모습이 드러났다.
지난 10년 동안 메리가 일했던
집들에서는 전부 장티푸스가 발생한 것이다.
단 한 번의 예외도 없었다.
어떻게 이런 일이 있을 수 있었을까.

-본문에서

"메리, 오늘 저녁 식사에 대해 할 이야기가 있어서 내려왔어요."

롱아일랜드의 오이스터 베이에 있는 웅장한 여름용 임대 별장에서 워런 부인이 주방에 모습을 나타내는 일은 좀처럼 보기 드문 일이었다. 메리 맬런(Mary Mallon)은 부인이 주방에 내려올 때마다 하인들 사이에서 언제나 소동이 벌어진다는 사실을 이미 눈치 채고 있었다.

그리 놀랄 일도 아니었다. 몇 년 동안 수많은 부유한 가정에서 요리사로 일해 온 메리의 경험에 따르면 안주인이 주방에 내려오는 이유는 대개는 그저 불만을 늘어놓기 위해서였다. 메리가 이 부유한 여름 별장에서 워런가(家) 식구들을 위해 요리를 한 지도 벌써 3주가 되어 가고 있었으니 잔소리 들을 시점을 이미 넘겼다고 볼 수도 있었다. 오늘 저녁 요리로 낸 조개에서 살짝 냄새가 난 걸까? 메리는 뉴욕의 부유층 사람들이 얼마나 예민한지 잘 알고 있었다. 메리는 해고되지 않기를 빌었다. 이 일자리도 힘들게 얻은 것이었다. 시작한 지 얼마 되지도 않았는데 다시 일자리 구하러 다닐 생각을 하니 끔찍했다.

그런데 워런 부인이 주방에 내려온 것은 메리의 요리를 칭찬하기 위해서였다. 메리는 안도의 숨을 내쉬었다.

"조개 요리는 정말 부드럽고 더할 나위 없이 훌륭했어요! 후식은 또 어떻고요. 참으로 상큼한 것이 더운 여름 저녁에 딱 맞는 후식이었답니다. 우리 딸들이 천국에 온 듯 좋아하더라고요. 그 후식을 뭐라고 부르나요?"

"복숭아 멜바라고 합니다, 부인. 요즘 아주 유행하는 후식이에요. 뉴욕의 훌륭한 식당에서는 전부 이걸 내고 있어요. 유명한 가수의 이름을 따서 이름을 지었다나 봐요."

107

"그렇군요. 우리가 뉴욕으로 돌아가기 전에 저녁 식사 때 한 번 더 만들어 주었으면 해요. 당신 요리가 참 마음에 들어요. 가을이 올 때까지 일해 주었으면 좋겠는데, 괜찮겠지요?"

"물론이에요, 부인. 감사합니다."

"잘됐군요. 좋은 저녁 보내요, 메리."

망신스러운 병

그날 밤 메리 맬런은 추운 계절이 오기 전까지 안정된 일자리를 얻게 된 것을 기뻐하며 잠자리에 들었다. 좀 더 특별한 후식으로 고용주를 기쁘게 해 주고 싶은 마음도 들었다. 다음에는 복숭아 파이를 해 볼까? 그러나 그해 여름 워런가에서는 더 이상 공들여 요리한 식사를 대접할 기회가 없었다.

며칠 후인 1906년 8월 27일, 온 집안 식구들은 소란 속에 눈을 떴다. 워런가의 맏딸인 마거릿이 심하게 앓아누웠기 때문이다. 그 전날 밤 마거릿은 머리가 아프다고 칭얼대면서 일찍 잠자리에 들었다. 아침이 되자 두통이 한층 심해져 있었고 위경련까지 일어나 배를 부여잡고 쓰러졌다. 온몸에 기운이 하나도 없고 탈진 증상까지 보였다. 시간이 지나자 격렬하게 기침까지 하기 시작했다. 워런 부인은 딸아이의 피부가 손 데일 듯 뜨겁고 바짝 말라 있는 것을 알아차렸다. 온 식구들이 열을 내리기 위해 동분서주했지만 마거릿의 열은 계속 높아질 뿐이었다.

그날 오후 한 하녀가 고열을 내며 쓰러졌다. 그다음에는 정원사가 갈

퀴를 들고 있다가 쓰러져 부축을 받으며 침대로 옮겨졌다. 저녁 무렵에는 워런가의 둘째 딸 또한 언니와 나란히 병상에 누웠다. 마지막으로 워런 부인도 병의 습격을 받았다.

집안 식구 절반이 사경을 헤맸다. 처음에는 근처 마을의 의사를 호출했던 워런가는 급기야 뉴욕에 있는 전문의까지 별장으로 불러들였다. 하얀 간호복을 입은 개인 간호사들이 묽은 수프가 담긴 접시를 쟁반에 들고 종종걸음으로 복도를 지나다녔다. 집 안에 병자가 있음을 이웃에게 알리기 위해 저택의 창문에 차양을 쳤다. 무거운 표정을 한 의사들은 낮은 목소리로 이야기를 나누었다. 그리고 마침내 진단을 내렸다. 장티푸스 (typhoid fever)였다.

장티푸스라니! 상상조차 할 수 없는 일이었다. 부유한 뉴욕 은행가의 아내와 딸들이 장티푸스에 걸리다니, 있을 수 없는 일이었다. 1906년 당시에는 그랬다. 롱아일랜드 오이스터 베이에 자리한, 상류층이 거주하는 여름 별장 마을에 장티푸스가 유행한다는 건 말도 안 되는 일이었다. 장티푸스는 가난한 사람들이나 걸리는 병이었다. 장티푸스에 걸린다는 것은 집에서 위생 기준을 제대로 지키지 않는다는 뜻이었다. 이민자나 노동자, 하인 들이나 장티푸스에 걸리는 법이었다. 부유한 특권층에서 장티푸스라니, 있을 수 없는 일이었다.

자신의 가족에게 닥친 참사에 격분한 찰스 워런은 가족이 머물던 여름 별장의 소유주를 찾아가 이게 어떻게 된 일인지 따져 물었다. 집주인인 조지 톰프슨 또한 걱정이 태산이었다. 그 호화스러운 여름 별장이 장티푸스의 온상지라는 소문이 돌기라도 하면 다음 해부터는 도대체 무슨 수로 여름 별장을 빌릴 사람을 찾는단 말인가. 오이스터 베이에 장티푸스가 기승을 부리고 있다는 소문을 뉴욕 사람들이 전해 듣는다면 마을 전체에 큰 타격이 미칠 수도 있었다. 톰프슨은 여름마다 다른 사람에게 빌려주는 별장을 네 채나 더 갖고 있었다. 이 근심거리를 신속하고 조심스럽게 해결해야만 했다.

톰프슨은 과학적, 의학적 소양을 지닌 조사원이 있는지 수소문했다. 당시에는 과학이나 의학 분야의 전문 지식을 지닌 사람이 그리 많지 않았다. 그러나 워런가에서 처음 장티푸스 환자가 발생한 지 3주가 조금 지났을 무렵 톰프슨은 마침내 이 일에 아주 적합한 사람을 찾아냈다. 바로 조지 소퍼(George Soper)였다.

소퍼는 '위생 기사'였다. 이 말은 곧 소퍼가 하수 설비의 설계와 관리에 관한 전문가라는 뜻이다. 또한 그는 사람의 배설물로 오염된 물을 통해 전염되는 질병에 관한 전문가이기도 했다. 소퍼는 몇 년 전 이타카와 뉴욕에 장티푸스가 퍼진 원인을 밝혀내면서 이름을 널리 알렸다. 그리고 지금 그는 짐을 싸들고 오이스터 베이로 찾아왔다.

소퍼는 변기 물에 염료를 섞어 흘려보낸 후 집에서 마시는 수도에 그 염료가 나타나는지 확인하는 방법으로 워런가의 배관 설비를 점검했다. 수도에서 나오는 물은 투명하고 깨끗했다. 그다음 소퍼는 저택의 오물 구덩이를 살펴보았다. 오물 구덩이 또한 새는 곳 하나 없었다. 우유에 들어있는 병균 때문에 장티푸스가 발생하는 경우도 많았지만 워런가로 배달되는 유제품은 모두 깨끗했다. 소퍼는 장티푸스를 일으킬 만한 가능성을 하나씩 지워 나갔다. 분명 어딘가 장티푸스를 일으킨 원인이 있을 테지만 그 원인을 찾아내는 일은 소퍼가 처음 생각했던 것만큼 만만하지 않을 듯했다.

소퍼는 처음 병이 발생한 8월 27일이 되기 전의 며칠 동안 혹시 이상한 일은 없었는지 알아보기 위해 워런가의 식구들은 물론 하인들 모두와 이야기를 나누었다. 누군가 해변에 있는 조개 장수에게 조개를 사다 먹었다는 사실을 기억해 냈다. 소퍼는 이 부분을 조사했지만 조개 장수에게 조개를 사 간 다른 손님 중에는 병에 걸린 사람이 아무도 없었다. 그러므로 병은 조개 때문에 발생한 것이 아니었다.

그러나 조개 사건으로 소퍼는 식구들이 주방에서 감염된 음식을 먹었을지도 모를 가능성에 생각이 쏠렸다. 그는 주방에서 일하는 이들에게서 귀를 쫑긋하게 하는 이야기를 들었다. 워런가에서 요리사를 구하느라 애를 먹고 있다는 이야기였다. 첫 요리사는 8월 초에 일을 그만두었고, 새로 온 요리사는 식구들이 병에 걸리기 3주 전부터 일을 했는데 최근에 그만두었다고 했다. 가족들은 크게 실망했다고 말했다. 이 두 번째 요리사가 만들어 내던 후식을 여전히 좋은 기억으로 간직하고 있던 식구들은 소퍼에게 그 후식에 대해서 상세하게 설명해 주었다. 복숭아 멜바에 대한 칭찬의 말에 귀 기울이던 소퍼는, 열을 거의 가하지 않고 아이스크림으로 만드는 후식만큼 '요리사가 자신의 손에 있는 병원균을 가족에게 옮기는 데에 안성맞춤인 요리가 없다'라는 점에 생각이 미쳤다.

저택에서 새로운 요리사를 고용했다, 가족들이 병에 걸렸다, 새로운 요리사는 별다른 설명도 없이 갑작스레 일을 그만두었다. 소퍼가 보기에 이는 상당히 의심적은 행동이었다. 소퍼는 요리사의 이름을 물었다.

"메리예요. 메리 맬런이요."

용의자를 추적하다

조지 소퍼는 전문적인 탐정이 아니었다. 하지만 사건 이후 넉 달 동안 그를 옆에서 지켜본 친구들이라면 소퍼가 놀랄 만큼 셜록 홈스를 닮아간다고 생각했을 것이다. 소퍼는 비밀에 싸인 메리 맬런을 찾아내는 일에 매달렸다.

뉴욕으로 돌아온 소퍼가 가장 먼저 찾아간 곳은 도시에서 가장 부유한 가정에 인력을 소개하는 직업 소개소였다. 소개소에 메리 맬런이라는 이름을 지닌 요리사에 대한 기록이 남아 있었을까? 정말 기록이 있었다. 소퍼는 맬런의 고용 기록을 가장 최근부터 되짚어 가면서 메리 맬런이 요리사로 일했던 가정을 한 곳씩 찾아가 보았다. 몇 집도 채 지나기 전에 충격적인 모습이 드러났다. "지난 10년 동안 메리 맬런이 일했던 집들에서는 전부 장티푸스가 발생했다. 다시 한번 강조하지만 단 한 번의 예외도 없었다."라고, 소퍼는 나중에 출간한 논문에서 말했다.

소퍼가 밝혀낸 바에 따르면 메리는 장티푸스 환자 스물두 명과 사망자 한 명에 관련되어 있었다. 모두 그전에는 장티푸스가 발생한 적 없는 부유한 가정에서 나온 환자들이었다. 하지만 어떻게 이런 일이 있을 수 있었을까? 메리는 어떻게 10년 동안이나 장티푸스를 앓으면서 다른 사람에게 병원균을 옮기고 다닐 수 있었을까? 전혀 말이 되지 않았다. 다만 메리 맬런이 자신은 전혀 증상이 없지만 다른 사람에게는 장티푸스균을 옮길 수 있는 보균자라면 또 몰랐다. 바로 이 점에 조지 소퍼는 큰 흥미를 느꼈다. 메리 맬런이 보균자일 가능성이 있을까?

1906년 몇몇 의사들과 전염병학자들은 건강한 사람이 병을 전염시키는 경우가 있을지도 모른다고 의심하기 시작했다. 오늘날 이런 사람들을 '무증상 보균자'라고 부른다. 독일 세균학자인 로베르트 코흐는 그 무렵에 발표한 논문에서 최초로 확인된 장티푸스 보균자에 대해 자세히 설명했다. 이 보균자는 독일의 한 빵집에서 일하는 여성이었는데 몇 년 전에 장티푸스를 앓고 난 후 지금은 건강을 완전히 회복한 상태였다. 이 여성은 흠잡을 데 없이 건강했음에도 불구하고 대소변과 혈액 검사 결과 몸에는 여전히 활동 중인 장티푸스균이 우글거린다는 사실이 밝혀졌다. 그리고 이 여성은 꼼꼼하게 손을 씻는 사람이 아니었다. 그 결과, 그녀가 일하는 빵집에서 빵을 사 간 손님들이 장티푸스에 걸렸다.

과연 메리 맬런이 미국 최초로 발견된 건강한 장티푸스 보균자일 가능성이 있을까? 조지 소퍼는 이 질문에 확실한 답을 얻는 방법은 오직 한 가지밖에 없음을 잘 알고 있었다. 바로 메리를 검사해 보는 것이었다. 하지만 메리를 어디에서 찾을 것인가. 소퍼는 메리의 과거에 대해서는 알고 있었지만 이 요리사가 9월 초 워런가의 별장을 떠난 이후 어디로 가 버렸는지에 대해서는 갈피를 잡지 못하고 있었다.

이듬해 봄인 1907년 3월, 소퍼는 뉴욕의 파크 애비뉴에 사는 한 상류층 가정에 병이 발생했다는 소식을 들었다. 그 집의 딸이 장티푸스에 걸려 심하게 앓고 있다는 것이었다. 소퍼는 그 집을 방문해 딸의 병으로 애태우고 있는 부모로부터 아주 흥미로운 이야기를 들었다. 몇 주일 전에 새로운 요리사를 고용했다는 이야기였다.

"요리사의 이름은 메리예요. 바로 그렇습니다. 메리 맬런이에요. 메리를 아시나 봐요?"

소퍼는 아마 주방으로 곧장 뛰어들었을 것이다. 그토록 찾아 헤맨 메리 맬런을 드디어 만나게 된 것이다. 그러나 안타깝게도 소퍼가 그토록

더러운 의사들

전염병 유행을 예방하는 가장 효과적인 방법은 바로 손을 깨끗하게 씻는 것이다. 특히 대변-구강 경로로 전염되는 병의 경우에는 더욱 그렇다. 그러나 불과 얼마 전까지만 해도 의사들조차 손을 제대로 씻지 않았다.

헝가리 출신의 의사인 이그나즈 필리프 제멜바이스(Ignaz Philipp Semmelweiss)는 1847년 오스트리아에 위치한 빈 종합병원의 산부인과 병동에서 일했다. 당시에는 산부인과에서 출산한 여성의 10퍼센트가 출산 후에 생기는 감염증인 산욕열로 목숨을 잃었다. 제멜바이스는 의사가 출산하는 여성들에게 병원균을 옮긴다고 추측하고 자신의 동료들에게 분만을 도우러 가기 전에 매번 물로 회석한 표백제로 손을 씻으라고 당부했다. 그 결과 산욕열로 목숨을 잃는 여성의 비율이 2퍼센트 미만으로 감소했다.

하지만 자신의 가설을 뒷받침할 과학적 근거를 제시할 수 없었던 제멜바이스는 병원 경영진에게 이 사실을 보고하자마자 그만 해고당하고 말았다. 그는 이에 굴하지 않고 계속해서 의사들이 손을 제대로 씻어야 한다고 주장했고, 그 때문에 빈에서 추방당했을 뿐만 아니라 의사로 재기하는 데도 어려움을 겪어야 했다.

그로부터 20년 뒤 루이 파스퇴르(Louis Pasteur)가 미생물이 질병을 일으키는 원인이라는 사실을 과학적 근거를 통해 증명해 내면서 병의 전염을 예방하기 위해 손을 씻어야 한다는 제멜바이스의 주장은 의학계에 좀 더 설득력 있게 다가서기 시작했다. 1880년대에는 영국의 외과의인 조지프 리스터(Joseph Lister)가 수술 도구를 살균 소독하면 수술 환자의 생존율이 극적으로 증가한다는 사실을 증명했다. 의학계에 종사하는 사람들은 즉시 자신의 나쁜 습관을 고치기 시작했다.

고대하던 메리와의 만남은 그의 계획과는 전혀 딴판으로 흘러갔다. 중대한 과학적 발견을 하고 싶은 열의에 불탄 나머지 자신의 상대가 단순한 장티푸스균의 집합체가 아니라 감정을 지닌 사람이라는 사실을 잊고 말았기 때문이다. 낯선 사람이 갑자기 주방으로 쳐들어와 자신의 혈액과 대소변 표본을 요구하자 메리는 모욕감을 느끼는 동시에 겁에 질렸다. 메리는 자존심 있는 요리사라면 누구나 할 법한 행동을 취했다. 가장 근처에 있던 무기, 날카롭게 갈아 놓은 고기용 포크를 집어 들고 그 미친 사람을 주방 밖으로 쫓아낸 것이다.

2차전

메리에게는 안된 일이지만 소퍼를 쫓아냈다고 해서 일이 끝난 것은 아니었다. 얼마 지나지 않아 뉴욕시 보건부에서 나온 사람들이 메리의 주방 문을 두드렸다.

조세핀 베이커(Josephine Baker) 박사는 보건부에서 근무하는 의료 공무원이었다. 박사는 보건부에서 일하는 몇 안 되는 여성 중 한 명이라는 이유로 메리 맬런을 설득하여 그녀가 장티푸스 보균자라는 사실을 확인하는 데 필요한 표본을 받아내는 임무를 떠맡았다. 소퍼가 이미 확인했듯이 이는 결코 쉬운 임무가 아니었다.

베이커 박사가 두 명의 건장한 뉴욕 경찰과 함께 메리의 주방을 찾아 갔을 때 메리는 갑작스럽게 모습을 감추어 버렸다. 주방에서 일하는 다른 사람들도 그녀가 어디에 있는지 알지 못했다. 베이커 박사와 두 경찰은 숨어 버린 메리를 찾아내기 위해 저택의 옷장과 찬장을 샅샅이 뒤졌다.

그렇게 한참을 찾다가 포기하려던 찰나 베이커 박사는 찬장 문 사이로 비죽이 나와 있는 천 자락을 발견했다. 계단 아래 찬장에 숨어 있던 메리는 치맛자락 끝이 문틈에 끼는 바람에 박사에게 들키고 말았다.

박사와 경찰들이 화를 내며 난폭하게 반항하는 메리를 억지로 집에서 끌어낸 다음 구급차에 태웠다. 그러는 내내 메리는 자신은 아픈 데가 하나도 없고 장티푸스에는 걸려 본 적도 없다고 항의했다. 그녀는 평생 이토록 모욕을 당한 적이 없다고 분개했지만, 박사와 경찰들은 무시해 버렸다. 훗날 베이커 박사는 이렇게 회고했다.

"경찰들이 메리를 들어 구급차에 던져 넣은 뒤로 병원으로 가는 내내 나는 말 그대로 메리의 몸을 깔고 앉아 있어야만 했다. 마치 성난 사자와 한 우리에 갇힌 기분이었다."

병원에서 메리의 대소변과 혈액 표본을 채취하여 분석한 결과 소퍼의 추측이 맞았다는 사실이 확인되었다. 뉴욕시는 장티푸스 보균자 한 명을 확보하게 된 것이다. 이제 메리를 어떻게 처리해야 좋을까?

19세기 초반 뉴욕은 악습을 퇴치하기 위해 필사적으로 노력하고 있었다. 쓰레기와 하수를 거리에서 말끔하게 치우고, 모든 뉴욕 주민을 위해 위생 설비를 갖추고, 안심하고 물을 마실 수 있도록 수도 시설을 마련하는 한편 장티푸스 같은 감염성 질환의 발생률을 낮추기 위해 최선을 다했다. 1900년대 초반 미국 전역에서는 매년 35만 명이 장티푸스에 걸렸다. 뉴욕만 해도 매해 발생하는 장티푸스 환자가 4,000명이 넘었다.

장티푸스는 희생자가 살모넬라 타이피(Salmonella typhi)라는 세균에 감염

현미경으로 병을 찾아내다

조지 소퍼가 메리 맬런의 주방을 침입하여 대소변과 혈액 표본을 내놓으라고 요구했을 때 메리는 분명 소퍼가 제정신이 아니라고 생각했을 것이다. 1907년 당시만 해도 실험실에서 체액 표본을 분석하여 그 안에서 세균을 검출해 낸다는 발상은 극히 새로운 것이었다. 의사가 아주 적은 양의 혈액 표본을 현미경으로 관찰한 다음 병을 진단한다는 자체가 대부분의 사람에게는 얼토당토않은 소리로 들렸다.

그러나 조지 소퍼의 기이한 요구로 미루어 볼 때 우리는 소퍼가 그 시대의 최신 의학 기술에 통달했음을 알 수 있다. 당시에는 이미 30년 전에 장티푸스 병원균인 살모넬라 타이피가 발견되어 있었고, 1892년 뉴욕시 산하에 공중보건을 위협하는 질병을 연구하는 세균학연구소가 미국 최초로 설립된 참이었다. 소퍼는 메리 맬런에게 체액 표본을 받아 이 연구소로 가져오기만 하면 메리에게 장티푸스균이 존재하는지의 여부를 확인할 수 있다는 것을 잘 알고 있었다. 체액 표본을 배양액(대개는 소고기 수프를 사용했다)에 담가 놓은 다음 48~72시간이 지난 후 현미경으로 관찰하면 장티푸스균을 보유한 경우 그 표본에서 병원균이 발견될 터였다.

오이스터 베이에서 일어난 장티푸스 유행의 발생 경로를 파악하기 위해서는 세균학에서 새롭게 개발한 기술을 활용하는 일이 아주 중요했다. 이는 메리 맬런이 장티푸스를 퍼트린 주범임을 증명할 유일한 방법이었기 때문이다. 실제로 나중에 메리의 체액 표본을 분석한 의사들은 메리에게는 비록 아무런 증상도 나타나지 않지만 그 체액 안에는 장티푸스균이 우글거린다는 사실을 발견했다.

117

된 음식을 섭취한 후 며칠 안에 발병한다. 맨 먼저 나타나는 증상은 머리가 깨질 듯한 두통이며 그다음 고열과 설사, 위경련, 탈진 같은 증상이 잇따른다. 장티푸스에 걸린 환자는 2~6주 동안 꼼짝 않고 침대에 누워 있

공중보건의 선구자, 조세핀 베이커

메리 맬런과 그녀를 잡은 베이커 박사 사이에는 공통점이 있었다. 두 사람 모두 미혼이며 세기의 전환기에 뉴욕에서 자신의 인생을 살아내기 위해 고군분투한 여성이라는 점이다.

베이커 박사는 메리보다 교육을 더 많이 받았고 의학 박사 학위를 지녔다는 차이점이 있었지만 그렇다고 해서 그녀의 인생이 메리보다 쉬웠던 것은 아니었다. 의사로 개업한 첫 해에 그녀가 번 돈은 고작 185달러였으며 이나마 사무실을 함께 쓰는 다른 의사와 나누어야 했다. 여의사로는 개업하여 성공하기가 어렵다는 게 분명한 상황에서 베이커 박사는 어떤 식으로든 돈을 벌어야만 했다. 그녀가 10대일 때 아버지와 오빠가 세상을 떠났기 때문에 박사는 어머니와 자신을 부양해야 했다. 박사는 의사로 일하는 동시에 시간을 쪼개어 위생 조사관으로 근무하기 시작했고, 그러던 중 메리 맬런을 찾아내는 임무를 맡게 되었다.

박사는 오랫동안 보건부에서 일하며 공중보건 분야에 수많은 업적을 남겼다. 특히 그녀가 관심을 보인 주제는 빈곤과 질병의 관계였다. 1907년 베이커 박사는 뉴욕시가 창설한 어린이 위생 부서를 책임지게 되었다. 이 분야의 부서가 생긴 것은 미국에서도 처음 있는 일이었다. 여기에서 박사는 훗날 35개 주가 도입하게 되는 여러 정책과 프로그램을 개발했다. 이런 정책 중에는 모든 어린이에게 예방접종을 하고, 저소득 가정의 어린이들에게 무료로 우유를 배급하고 어린이 돌보는 일을 하는 사람들이 보육에 대한 기초 교육을 받아야 한다고 규정하는 정책들이 있었다. 그녀의 노고 덕분에 1923년 뉴욕의 영유아 사망률은 미국의 그 어느 대도시보다 낮았다.

오늘날의 전염병학자들은 왜 어떤 사람은 건강하고 어떤 사람은 병에 걸리는지, 모든 사람이 가능한 한 건강하게 살 수 있도록 하려면 정책 입안자들과 정부가 무엇을 해야 하는지 끊임없이 연구하고 있다.

어야 하는데, 이 기간에는 몸이 쇠약해지기 때문에 다른 균에 감염되기 쉽다. 살모넬라 타이피에 대한 백신은 1911년까지 개발되지 않았고, 장티푸스를 치료하는 항생제는 1948년이 되어서야 세상에 나오게 될 터였다. 1906년에는 항생제가 없었기 때문에 의사들은 환자의 열을 내리기 위해 이런저런 방법을 써 보거나 환자를 가능한 한 편안하게 만들어 주는 것 외에 달리 치료법이 없었다.

질병과의 싸움에서 뉴욕시가 지닌 가장 중요한 무기는 바로 과학과 공중보건이었다. 그리고 보건부는 그 전투의 첨병이었다. 위생 조사관에게는 아무 집에나 들어가 예방접종을 하고 환자를 집에서 나오지 못하게 할 수 있는 권리가 있었다. 또한 조사관은 정말 극단적인 경우 자신의 지시를 따르지 않는 사람들을 강제로 격리할 수도 있었다.

메리가 위험한 존재라는 사실은 분명했다. 그러나 메리는 자신이 장티푸스를 전염시키고 다닌다는 사실을 인정하려 들지 않았다. 메리가 계속 요리사로 일하도록 놔두는 것은 큰 위험을 초래하는 일이었다. 그렇다고 메리가 법을 어긴 것도 아닌데 감옥에 보낼 수도 없는 노릇이었다.

이 진퇴양난에 뉴욕시는 병원에 있던 메리를 뉴욕 이스트 강 한가운데에 있는 노스브라더섬으로 이송한다는 해결책을 내놓았다. 노스브라더섬은 1860년대부터 극히 위험하거나 전염성 높은 질병을 앓는 환자들을 수용하는 격리병원으로 사용되어 왔다. 천연두나 콜레라, 황열병, 결핵에 걸린 환자들이 수용되었다. 건강하고 기운 넘치던 메리 맬런이 병들고 죽어 가는 이들과 함께 바람 몰아치는 황량한 섬에서 유배 생활을 하게 된 것이었다. 메리에게 이 결정은 사형선고나 다를 바 없었을 것이다.

119

노스브라더섬에 격리된 3년 동안 메리 맬런은 끊임없이 자신의 인권이 침해당했다는 사실에 항의하고 격리 지역에서 나갈 수 있도록 도와 달라고 호소하는 편지를 썼다. 그런 노력 끝에 마침내 메리 맬런 사건은 뉴욕시 대법원에까지 알려졌다.

메리가 노스브라더섬에서 지내는 동안 놀라운 사건이 벌어졌다. 뉴욕주에서만 건강한 장티푸스 보균자가 50명이나 새로 발견된 것이다. 그리고 이들 중 어느 누구도 노스브라더섬에 격리되지 않았다. 보건부의 공무원들은 자신들의 조치가 지나쳤을 수도 있다는 사실을 인정했다. 메리는 승소했고 다시는 요리사로 일하지 않는다는 조건으로 자유를 되찾았다. 뉴욕시 보건부에 의해 3년 동안 갇혀 지냈던 메리는 1910년 드디어 강을 건너 뉴욕으로 돌아올 수 있었다.

보건부는 메리가 새로운 일자리를 구할 수 있도록 교육하는 일까지 자신들의 책임이라고 생각하지 않았다. 그 대신 메리가 세탁부로 일할 수 있는 자리를 주선해 주었다. 세탁부는 그 시대의 여자가 할 수 있는 일 중에 가장 고되면서도 보수가 낮은 일자리였다.

보건부는 메리가 어떻게 살고 있는지 자주 확인했다. 그러나 몇 주, 몇 달이 흐르면서 보건부 직원이 메리를 방문하는 횟수가 점차 줄어들었다. 결국 보건부는 메리의 행방을 전혀 알 수 없게 되었다. 메리는 어디에서 무엇을 하며 살았을까? 불과 몇 년 전 그토록 큰 소동을 일으켰던 건강한 보균자에 대해서 이제 아무도 신경 쓰지 않는 듯 보였다.

그러던 중 1915년 뉴욕의 한 산부인과에서 장티푸스가 대규모로 발생

격리

병에 걸린 사람을 격리하는 일은 전염을 예방하는 다소 극단적인 해결책으로 보인다. 그러나 격리는(대개 일시적인 조치로 끝나기 마련인) 몇 세기에 걸쳐 전염병의 유행을 막는 방책으로 활용되어 왔다.

'검역' 또는 '격리'를 뜻하는 'quarantine'은 페스트 시대의 이탈리아에서 유래한 말이다. 14세기 지중해의 항구도시 베니스에서는 모든 선박이 항구에 들어오기 전 40일(이탈리아어로 'quaranta giorni') 동안 페스트에 걸린 선원은 없는지 확인하는 기간을 거쳐야만 했다. 도시 주민에게 페스트가 퍼져 나가는 것을 막기 위한 조치였다.

페스트가 유럽에 퍼지면서 다른 유럽 도시들 또한 격리 조치를 취하기 시작했다. 보기 드물게 한 동네나 마을 전체가 봉쇄되는 경우도 있었다.

그러나 병의 확산을 막기 위해 실행된 격리 조치는 엉뚱한 결과를 초래하기도 했다. 일단 병이 돌기 시작하면 그 지역에 격리 명령이 떨어져 병들고 죽어가는 사람들과 도시에 갇힐까 봐 두려운 수천 명의 사람들이 서둘러 도시에서 도망쳐 나왔기 때문이다. 이렇게 도망치는 사람 중에는 이미 전염병에 감염된 사람이 있을 수밖에 없어 전염병은 오히려 한층 멀리 퍼져 나갔다.

격리는 사회적 거리 두기 방법의 하나로, 오늘날에도 질병의 확산을 막기 위해 여전히 사용하고 있다. 2020년 수많은 나라에서 코로나19 감염자가 많은 지역을 방문하고 돌아온 사람들은 적어도 2주 동안 자가 격리를 해야 한다고 규정했다. 뉴질랜드에서는 모든 여행객이 검역소에 보고해야 하며 지정된 곳에서 2주 동안 격리한 뒤 검사를 받고 코로나19 음성 판정을 받고 나서야 집으로 돌아갈 수 있다는 규정을 도입했다.

했다. 스물다섯 명의 의사와 간호사가 장티푸스로 쓰러졌고 그중 두 명이 목숨을 잃었다. 병원 고용 기록에 따르면 장티푸스가 발생하기 몇 주일 전 새로운 요리사를 고용했다고 했다. 병원장은 이런저런 상황을 종합하여 사태를 파악한 끝에 조지 소퍼에게 연락했다. 소퍼는 병원장이 보여주는 새로운 요리사의 필적을 확인했다. 훗날 소퍼는 이렇게 회고했다.

"병원장이 건네준 편지를 보자마자 그 편지의 필적이 메리 맬런의 것임을 알아차릴 수 있었다."

소퍼는 조세핀 베이커 박사에게 연락했고 병원으로 달려온 박사는 메리 맬런을 한눈에 알아보았다. 훗날 베이커 박사는 이렇게 기록했다.

"아니나 다를까, 병원 주방에서 메리가 생계비를 벌기 위해 요리사로 일하고 있었다. 메리는 마치 파멸의 천사처럼 어머니와 아기와 의사와 간호사 들에게 장티푸스균을 퍼트리고 있었다."

뉴욕시 보건부는 메리를 다시 노스브라더섬으로 돌려보냈다. 메리는 이곳에서 1938년 숨을 거두는 날까지 23년을 살았다.

악당인가, 희생자인가

처음부터 언론은 마치 신나는 일이라도 생긴 양 메리 맬런 사건을 보도했다. 1908년 〈미국 의학협회 저널〉에 실린 기사에서 메리를 '장티푸스 메리(Typhoid Mary)'라고 지칭한 이후 각종 신문에서 이 이름을 차용하여 쓰기 시작했다. 얼마 지나지 않아 장티푸스 메리는 일반명사처럼 자리 잡았다. 오늘날 장티푸스 메리라는 말은 의도적이든 아니든 다른 사람에게 병을 전염시키는 사람을 의미한다.

메리 맬런을 둘러싼 이야기가 오늘날까지도 사람들의 관심을 끄는 이유 중 하나는 메리를 둘러싼 수많은 의문이 아직까지도 시원하게 해명되지 않았기 때문이다. 조지 소퍼가 메리를 찾아가기 전 메리는 자신이 일했던 모든 가정에서 장티푸스가 발생한 것에 대해 자신이 어떤 식으로든 관련되었다는 사실을 어렴풋이나마 알아채고 있었을까? 왜 메리는 노스브라더섬에서 해방된 이후 다시 요리사로 일하는 위험을 감수하려 했을까? 각종 기사와 책과 연극과 영화에서 메리의 이야기를 재현하는 동안 사람들은 메리의 정체를 나름대로 판단하려 했다. 메리는 악당이었을까, 아니면 냉정한 사회 체제에 의해 망가지고 만 평범한 사람에 불과했을까?

메리는 미혼의 여성이었고 하인이었으며 미국으로 건너온 아일랜드 이주민으로, 교육도 받지 못한 인물이었다. 이 모든 요소에서 우리는 메리가 그 당시 사회에서 아무런 힘이 없었다는 사실을 짐작할 수 있다. 그럼에도 메리는 공무원을 거침없이 쫓아내고 의사를 피해 도망치고 경찰과 싸움을 벌이고 욕설을 퍼부으며 자신의 의사를 주장하길 두려워하지 않았다. 그리고 법원이 자신의 사건에 관심을 기울일 때까지 계속해서 분노에 찬 편지를 썼다. 메리가 자신을 지키기 위해 난폭하게 저항하는 모습을 본 의사와 공무원 들은 깜짝 놀랐을 것이다. 그리고 그런 반항적인 행동 때문에 그 사람들의 눈에는 메리가 골칫거리로 보였을지도 모른다.

장티푸스 메리의 이야기가 여전히 사람들의 관심을 끄는 또 다른 이유가 있다. 이 이야기는 전염병 유행으로부터 일반 대중을 보호하기 위한 정부의 조치를 어디까지 허용해야 하는지에 관한 질문을 던지기 때문이다. 메리를 그렇게 오랫동안 격리한 것은 타당한가? 2003년 사스가 유행했을 때, 2014년 에볼라가 유행했을 때, 그리고 2020년 코로나19가 닥쳐왔을 때 전염병이 퍼진 지역을 방문하고 돌아온 사람들은 강제로 격리당해야 했다. 비록 일시적이라 하더라도 사람들을 격리하는 것은 그들이

아일랜드의 감자병 유행

메리 맬런은 1800~1900년대 초반에 걸쳐 아일랜드에서 북아메리카로 이주한 수많은 아일랜드인 가운데 한 명이었다. 이 모든 일은 1845년 아일랜드에서 감자 농사를 짓던 농부들이 감자가 곰팡이에 감염되었다는 사실을 알아차렸을 때 시작되었다. 그 곰팡이는 '감자역병균'이라 불리는 피토프토라 인페스탄스(Phytophthora infestans)였다.

감자는 당시 농부들의 주식이었고, 농부들은 이미 썩고 곰팡이에 감염되어 버린 이 덩이줄기를 먹을 수가 없었다. 감자역병이 유행하는 동안 100만 명에 이르는 사람들이 굶어 죽었다. 그리고 수백만 명의 사람들이 새로운 삶을 찾아 배에 몸을 싣고 북아메리카 대륙으로 건너갔다.

뉴욕에 도착한 이주민들은 수도도 연결되어 있지 않고 공중위생 설비도 없는 싸구려 아파트를 빌려 생활했다. 사람들로 꽉 들어찬 건물들에서 각종 질병이 빠르게 퍼져 나갔다. 신문에서는 이런 질병이 발생한 것을 이주민들 탓으로 돌렸다. 어떤 사람들은 미국이 국경을 봉쇄해야 한다고 주장했다. 이런 열악한 생활환경을 조성한 데 책임이 있는 아파트 주인이나 정부를 비난하는 사람은 아무도 없었다. 아일랜드에서 건너온 메리 맬런이 장티푸스를 퍼트린 전파자라는 소식이 전해지자 이민자들이 질병을 일으키는 주범이라는 주장에 힘이 실렸다.

전염병이 유행하기 시작하면 사람들은 누군가 책임을 돌릴 대상을 찾는다. 이민자, 성 소수자, 유대인, 이슬람교도, 중국 혈통을 지닌 사람들이 비난의 대상이 되어 왔다. 하지만 실제로 질병을 일으키는 병원균은 특정 인종이나 종교, 성적 취향에 따라 감염시킬 대상을 가리지 않는다. 병원균에게 필요한 것은 그저 자신이 감염시킬 수 있는 사람의 신체일 뿐이다.

일자리를 잃을지도 모르며 그 결과 가족을 부양하지 못할지도 모른다는 사실을 의미한다. 따라서 공중보건 당국은 개개인의 권리와 질병으로부터 대중을 보호할 필요 사이에서 균형을 맞추려고 노력해야 한다.

오늘날의 장티푸스

운 좋게도 제대로 된 하수처리 시설이 있고 안심하고 마실 수 있는 깨끗한 수돗물이 나오는 도시에 살고 있다면 장티푸스라는 병에 대해 한 번도 들어보지 못했을 수도 있다. 북아메리카와 유럽 대부분의 지역에서 장티푸스는 '과거 불행했던 시절'의 질병이 되었다. 장티푸스는 공중보건 의사와 기술자와 도시계획자가 사람들로 밀집한 도시에서 발생하는 많은 양의 배설물을 안전하게 처리하는 방법을 알아내기 이전 시대의 유물이다. 하지만 안타깝게도 그 밖의 다른 지역에 살고 있는 수많은 이에게 장티푸스는 여전히 두려운 현실로 남아 있다.

세계보건기구는 매년 1,100~2,100만 명에 이르는 이들이 장티푸스에 걸리고, 이 가운데 16만 1,000명 정도가 목숨을 잃는다고 추정한다. 희생자의 대부분은 어린아이다. 장티푸스에 감염된 여섯 명 중 적어도 한 명이 무증상 보균자이며, 이들은 자신이 장티푸스를 일으키는 세균을 가지고 있다는 사실을 알지 못한다. 장티푸스를 예방하는 백신은 있지만 장티푸스가 가장 흔하게 발생하는 아시아와 아프리카의 수많은 나라에 예방접종 프로그램을 도입하려면 엄청난 비용이 든다. 빈곤 지역에 사는 사람들에게 깨끗한 식수를 확보해 주는 일 또한 비용이 많이 든다는 점은 마찬가지다.

한편 장티푸스를 일으키는 세균은 변이를 일으킨 끝에 항생제에 저항을 지닌 새로운 균이 되어 나타나고 있다. 바로 '항생물질 내성균'이다. 약물내성 장티푸스에 걸리는 사람은 더 오랜 기간 병으로 고생하게 되며, 병원에 입원해야 하거나 이 병으로 목숨을 잃을 가능성이 크다. 2016년에는 약물내성 장티푸스가 파키스탄에서 발생해 2019년까지 1만 1,000명이 이 병에 걸렸고, 그 가운데 100여 명이 목숨을 잃었다.

백신과 세계대전

1898년 미국-스페인 전쟁 당시 장티푸스로 수천 명의 군인이 목숨을 잃었다. 그래서 1911년 영국의 세균학자 암로스 라이트(Almroth Wright)가 장티푸스 백신을 개발했을 때 군의관들은 이 백신을 한시바삐 사용해 보고 싶어 했다.

1차 세계대전이 벌어지자 군의관들에게 기회가 왔다. 미국 군인들은 의무적으로 장티푸스 백신을 맞아야 했고, 그 결과는 참으로 놀라웠다. 미국-스페인 전쟁 때는 군인 1,000명당 장티푸스에 걸린 사람이 142명이었는데, 1차 세계대전 때는 군인 1,000명당 1명 이하로 감염률이 크게 줄어든 것이다.

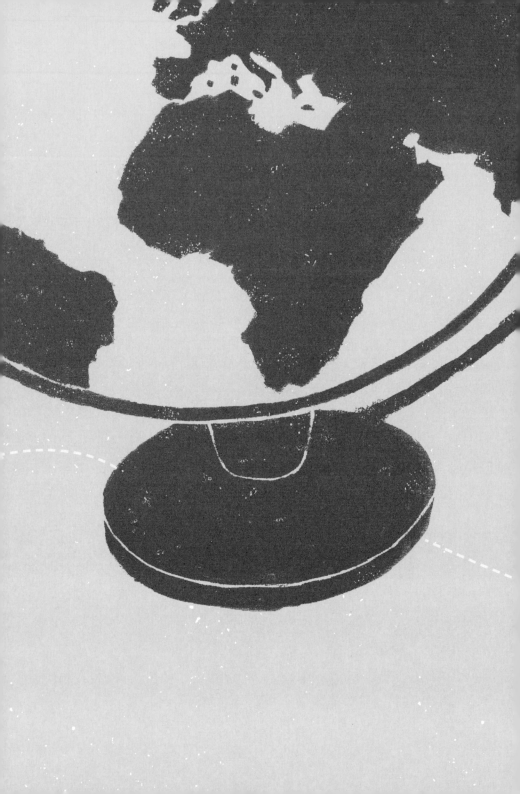

5

또 하나의
세계대전

1918년 전 세계를 덮친

스페인독감

독감은 손쓸 수 없을 정도의
기세로 퍼져 나가기 시작했다.
곳곳에서 사람들이 속수무책으로
죽어 나가자 전 세계는 혼란에 빠졌다.
생명을 위협하리라고는 생각지도 못했던
독감이 세계 도처에서 번개 같은 속도로
사람들의 목숨을 빼앗고 있었다.
백신을 개발할 시간도,
대책을 마련할 시간도 없었다.

-본문에서

저곳으로, 저곳으로

말을 전하라. 저곳으로 말을 전하라.

미군이 진격한다는 말을 전하라.

미군이 진격한다.

…

끝장을 보기 전까지 우리는 후퇴하지 않는다.

저곳으로.

스무 명이 넘는 군인들이 목이 터져라 노래를 불렀다(《저곳으로Over There》는 1917년 발발한 1차 세계대전 당시 미군들 사이에 유행했던 노래다-옮긴이). 기다란 병영 건물 안에 메아리치던 노랫소리는 고함을 지르는 듯한 마지막 한 구절로 끝을 맺었다.

"저곳으로!"

그 소리가 얼마나 컸던지 실제로 창문이 덜컹거릴 지경이었다. 앨버트 기첼(Albert Gitchell)은 머리가 아파오는 것을 느꼈다. 앨버트는 비참한 기분으로 얇은 담요를 머리끝까지 덮어썼다. 침상 깊숙이 몸을 묻으며 시끄러운 노랫소리를 떨쳐 버리고 잠시라도 눈을 붙여 보려고 애썼다. 1차 세계대전 당시 유럽으로 싸우러 나갈 미군을 수용하기 위해 한 달 전에 급하게 지은, 이 외풍 심하고 거대하기만 한 병영 건물에는 소란스러운 노랫소리와 웃음소리에서 도망칠 만한 곳이 없었다. 어떤 날은 노랫소리가 밤새도록 이어지기도 했다.

군인들이 잠도 안 자고 밤새 노래를 부르는 데는 그만한 이유가 있었다. 소리 높여 노래를 부르는 일이 이 얼어붙을 듯이 추운 캔자스의 밤을 따뜻하게 보낼 유일한 방법이었기 때문이다. 군인들은 빨갛게 열을 내는 난로 주위에 어깨를 맞대고 둘러앉아 손뼉을 치고 발을 구르고 담배를 나누어 피우면서 추위를 잊었다. 평상시 같으면 앨버트 또한 동료들과 함께 노래를 목청껏 불러 젖히면서 한창 즐거운 시간을 보냈을 터였다. 하지만 오늘 밤만큼은 조용하길 바랐다. 무엇보다도 잠을 자고 싶었다. 그리고 다음 날 아침 눈을 뜨면 온통 쑤시고 열이 오르는 지금의 몸 상태가 조금이라도 나아지길 바랐다.

1917년에서 1918년으로 넘어가는 겨울은 캔자스에서 가장 추운 겨울로 기록되었다. 그리고 평소 같으면 군인들에게 어서 잠자리에 들라고 명령했을 장교들도 캠프 펀스턴을 가득 메운 군인들을 불쌍하게 여겼다. 군인들이 난로 주위에 다닥다닥 붙어 있는 모습을 보고 화를 내는 것은 오직 의료진뿐이었다. 의료진은 군인들에게 '병균에 전염될' 위험에 대해 설교를 늘어놓았지만 그들의 말에 귀를 기울이는 사람은 아무도 없었다. 군인들은 일단 몸을 따뜻하게 해야만 했다. 온기를 유지하는 대신 서로에게 병원균을 옮길 위험을 감수해야 한다면 기꺼이 그럴 작정이었다. 어쨌든 최악의 상황이 벌어진다 해도 기껏해야 의무대에 며칠 입원하는 것밖에 더 있겠는가?

실제로 캠프 펀스턴의 한 고위 장교는 육군 지휘 본부에 제출하는 상황 보고서에서 이렇게 불평했다.

"병영과 막사는 병사들로 미어터질 지경이며 난방도 제대로 되지 않는다. 병사들에게 제대로 된 방한복을 지급하기가 불가능한 상황이다."

그러나 이런 악조건 속에서도 훈련은 가차 없이 이어졌다.

당시는 1917년 4월 6일 미국이 독일에 대항해 참전하겠다고 선포한 지 1년도 지나지 않았을 무렵이다. 미국은 영국과 프랑스, 캐나다, 오스트레일리아, 러시아로 이루어진 연합군에 합류하여 오늘날 우리가 1차 세계대전이라 알고 있는 '대전쟁'에 나설 예정이었다. 하지만 미국에 있는 군대의 규모가 크지 않았기 때문에 전력을 키우기 위해서는 훨씬 더 많은 군인을 양성해야 했다. 몇 달 만에 미군은 280만 명의 군인을 모집했고 서둘러 전국 곳곳에 대규모의 훈련소를 마련했다. 이곳에서 훈련받은 신병들은 배를 타고 바다를 건너 유럽의 최전선으로 투입될 예정이었다.

캔자스의 광대한 라일리 요새에 자리한 캠프 펀스턴은 이런 훈련소 중에서도 가장 큰 규모를 자랑했다. 낮은 지붕의 목조 병영과 막사가 끝도 없이 펼쳐진 캠프 펀스턴은 1918년 앨버트 기첼이 이곳에 머물 무렵 무려 2만 6,000명의 신병을 수용하고 있었다. 신병들의 대부분은 본래 훨씬 더 적은 수의 병사를 수용하기 위해 만든 막사나 병영에서 150명이나 되는 전우들과 함께 먹고 자고 씻으며 생활했다.

군인들은 캠프 펀스턴에 오래 머무르지 않았다. 병참부 소속인 캠프 펀스턴은 군인들을 다른 곳으로 배치하는 임무를 수행하고 있었다. 이곳을 떠난 군인들은 좀 더 훈련받기 위해 미국 전역에 흩어져 있는 다른 훈련소로 가거나 유럽의 전장으로 떠나기 위해 보스턴 같은 항구도시로 이동했다. 미국은 1918년 여름이 오기 전까지 매일 1만 명의 군인을 프랑스로 수송하려는 계획을 세우고 있었다.

난로 옆에 모여 목청껏 노래를 부르던 군인들도, 잠 못 이루던 가엾은 앨버트 기첼도 알지 못했던 사실이지만 미국은 이제 곧 눈에 보이지 않는 화물을 군인들과 함께 유럽으로 보내게 될 참이었다. 그 화물은 바로 아주 치명적인 바이러스였다.

병동이 가득 차다

앨버트 기첼은 아침 일찍 눈을 떴다. 취사병인 그는 동 트기 전, 기상나팔이 울리기 한참 전에 자리에서 일어나 아침 식사를 준비해야 했다. 3월 4일 아침 앨버트는 욱신거리는 머리를 부여잡고 구석구석 쑤시는 몸을 추스르며 간신히 일어나 군복을 걸쳤다.

그는 느릿한 걸음으로 추운 기지를 가로질러 주방으로 향했다. 주방에 도착했을 때는 이미 불이 지펴져 있었다. 앨버트는 앞치마를 머리부터 뒤집어 쓴 다음 중사의 눈에 띄지 않기를 바라면서 취사병들이 늘어선 줄 중간의 자기 자리를 찾아갔다.

앨버트 앞에 있는 화덕에는 죽이 담긴 거대한 솥이 얹혀 있었다. 그는 금속 주걱을 집어 들고 죽이 눌러붙지 않도록 휘젓기 시작했다. 아침부터 탄 죽을 내놓는 것만큼 군인들을 시끄럽게 불평하게 만드는 일은 없었다. 이것은 앨버트 기첼이 군대에 들어와 가장 처음으로 배운 교훈이었다.

쩽그랑!

앨버트의 손가락에서 미끄러진 금속 주걱이 거친 나무 바닥에 떨어지면서 시끄러운 소리를 냈다. 앨버트는 기운 없는 몸짓으로 주걱을 주워

올리고는 화덕으로 몸을 돌렸다.

"동작 그만!"

앨버트의 몸이 굳어지면서 죽이 든 솥 위의 주걱도 그대로 공중에 얼어붙었다. 중사였다.

"기쳴 일병, 주방 위생에 대한 기본을 배웠나, 배우지 않았나?"

"배웠습니다."

앨버트는 대답했다.

"그럼 바닥에 떨어진 더러운 주걱을 그대로 사용하면 안 된다는 사실을 알아야 하는 것 아닌가? 그런 짓을 하면 바로 위생장교가 뛰어온다는 걸 몰라? 위생장교가 어깨 너머로 기웃거려야 직성이 풀리나?"

중사는 주방을 성큼성큼 가로질러 앨버트 앞까지 다가왔다. 그때서야 중사는 이 어린 병사의 얼굴이 창백하고 눈빛이 흐릿하다는 걸 알아차렸다. 이마에는 땀방울이 돋아나 있었다.

"일병, 어디 아픈가?"

"몸이 안 좋습니다. 잠을 잘 못 자서 그렇습니다."

앨버트 기쳴은 느릿한 말투로 대답했다. 중사는 울화가 섞인 한숨을 내쉬었다.

"기쳴 일병, 이것도 위생 수칙의 문제야. 취사병은 몸이 안 좋을 때 일을 하러 나오면 안 되는 것도 모르나? 빨리 그 앞치마를 벗고 의무대에 가 보게."

의무대로 걸어가는 동안 앨버트는 몸 상태가 한층 안 좋아지는 것을 느꼈다. 심각할 정도로 안 좋았다. 위생장교는 앨버트를 힐끔 보고는 바

135

로 진단을 내렸다.

"독감이야. 전염병동에 신고하게, 기첼 일병. 이제 침대에 누워 있어야
만 하네."

앨버트가 문을 나서기도 전에 또 다른 군인 한 명이 비틀거리며 의무
대로 들어왔다. 제1수송파견 대대의 드레이크 하사였다. 하사는 열이 나
고 머리가 아프고 관절이 쑤신다며 앨버트와 똑같은 증상을 호소했다.
하사 또한 앨버트의 뒤를 이어 전염병동으로 보내졌다. 드레이크 하사의
바로 뒤를 따라 들어온 아돌프 루비 중사도 똑같은 증상을 보였고 역시
전염병동으로 보내졌다. 다음 사람도, 그다음 사람도 모두 똑같은 증상을

바이러스가 이리저리 퍼져 나가다

1918년의 스페인독감은 퍼져 나가는 속도가 너무나 빨라서 '독일군이 퍼트린 비밀 병
기'라는 소문이 돌기도 했다. 또한 전장에서 쓰는 독가스에 스페인독감 병원균의 씨
앗이 들어 있다는 소문도 떠돌았다.

오늘날 우리는 독감 바이러스에 감염된 작은 물방울이 공기 중에 떠돌면서 독감을
옮긴다는 사실을 알고 있다. 독감 환자들은 감염된 지 3~6일 사이에 독감 바이러스
를 '흩뿌리고' 다닌다. 이 기간에는 보통 어떤 증상도 나타나지 않는다.

독감 바이러스는 아주 생명이 질겨 문손잡이 같은 단단한 표면 위에서 사람의 손이
닿기를 기다리며 최대 이틀까지 생존할 수 있다. 그리고 일단 손에 묻은 바이러스는
눈이나 코나 입으로 쉽사리 침투한다.

독감은 밀집성 질환으로 사람들이 가깝게 붙어 지내는 생활환경에서 더욱 쉽게 퍼
져 나갈 수 있다. 이를테면 군인을 가득 태운 군대 수송선이나 1차 세계대전 당시의
참호 같은 곳으로, 의료진이 부족한 환경에서 영양 부족과 피로에 시달리는 경우 독
감 감염의 위험은 더욱 커진다. 그런 탓에 1918년 너무도 많은 군인이 스페인독감에
걸려 쓰러졌고, 그로 인해 전쟁이 한층 빨리 끝나게 되었다.

호소했다. 위생장교는 캠프의 군의관에게 전화를 걸어 갑자기 독감 환자가 급증하고 있다고 보고했다. 의무대를 찾은 군의관은 의무대 앞마당까지 길게 줄지어 선 아픈 군인들을 보고 깜짝 놀랐다.

그날 밤 가엾은 앨버트 기첼은 다시 한번 시끄러운 소음 때문에 잠을 이룰 수가 없었다. 이번 소음은 소란스러운 노랫소리가 아니었다. 앨버트와 함께 전염병동을 가득 채운 100명이 넘는 동료 환자들이 내는 기침소리와 앓는 소리였다. 주말에는 캠프 펀스턴의 전염병동에 입원한 군인이 500명으로 늘어났다.

스페인독감의 최초 감염자

취사병이었던 앨버트 기첼 일병은 그 이듬해 전 세계를 휩쓸며 5,000만~1억 명에 이르는 희생자를 낸 것으로 추정되는 스페인독감의 범유행에서 최초로 보고된 환자였다. 다행히 목숨을 건진 앨버트는 운이 좋은 편에 속했다. 앨버트가 병에 걸린 그달에만 캠프 펀스턴에서 48명의 군인이 독감으로 사망했다. 그리고 미군 부대의 대이동이 시작되면서 캠프 펀스턴 출신 환자들은 다른 부대로 병을 퍼트리기 시작했다.

1918년 3월 미군 8만 4,000명이 프랑스의 브레스트 항을 향한 항해에 나섰다. 4월에는 11만 8,000명의 군인이 유럽의 최전선으로 향했다. 군인으로 가득 찬 수송선 안에서 독감은 빠른 속도로 번져 나갔고, 수송선이 프랑스에 도착했을 땐 수백 명의 군인들이 들것에 실린 채 나와야 했다. 자신의 힘으로 걸을 수 있던 수천 명의 군인들도 독감을 퍼트리고 다니는 것은 마찬가지였다. 이미 유럽에 자리 잡고 있던 연합군은 최전선에서 4년 동안 전투를 치른 탓에 체력이 쇠약해져 있었다. 이렇게 쇠약한 군인들 사이에서 독감 바이러스는 마치 산불처럼 걷잡을 수 없이 번져 나갔다.

1918년 늦은 봄, 연합군의 의무대는 수만 명의 병든 군인들로 가득 찼다. 전투에 투입하기에는 너무 쇠약한 군인들이었다. 대부분은 며칠 만에 자리를 털고 일어났지만 병에 걸린 군인의 수가 너무 많았기 때문에 그것만으로도 군사 작전에 큰 타격을 입었다. 그해 6월 영국 해군은 승선할 수 있는 건강한 해군이 충분치 않다는 이유로 함대 진수식을 사흘이나 연기해야만 했다.

얼마 지나지 않아 독감 바이러스가 참호 사이의 무인지대를 건너가면서 독일군도 독감에 걸리기 시작했다. 1918년 봄을 위해 몇 달 동안 대규모의 총공격을 준비해 온 독일군은, 수만 명의 병사들이 독감으로 쓰러지는 상황에서 작전을 취소할 수밖에 없었다. 오늘날 수많은 역사학자가 당시 독일이 독감의 방해를 받지 않고 총공세에 나섰다면 전쟁의 승리를 거머쥐었을지도 모른다고 주장한다.

그러는 동안 군대 바깥세상에서는 전염병이 인류 역사상 가장 거대한 규모로 유행하고 있다는 사실을 까맣게 모르고 있었다. 참전한 대부분의 나라가 신문이나 라디오 방송의 보도 내용을 제한하는 전시 검열을 시행했기 때문이다. 전력을 낭비하거나 국민의 사기를 떨어뜨릴 수 있는, 즉 자국이 전쟁에서 패배할지도 모른다고 걱정하게 만들 수 있는 소식을 신문이나 방송에 내보내는 행위가 전부 금지되었다. 이런 상황에서 수십만 명의 병사들이 전장에서 독감으로 쓰러지고 있다는 사실을 대중에게 알린다는 것은 상상할 수 없는 일이었다.

전염병이 돈다는 사실을 전혀 몰랐기 때문에 대중은 예방 조치를 전혀 취하지 않았다. 예를 들어 독감을 피하려면 사람 많은 곳에 가지 말아야 하는데 당시에는 오히려 자국의 군대를 응원하는 집회와 행진에 참가할 것을 권장하는 분위기가 팽배했다. 그 결과 독감은 유럽의 민간인 사회에 빠르게 퍼져 나갔고, 마침내 스페인까지 도달했다. 스페인에서는 국왕마저 독감의 습격을 받고 쓰러졌다.

당시 스페인은 유럽 대부분의 나라와 달리 전쟁에 참가하지 않은 공식적인 중립국이었기 때문에 어떤 소식이든 자유롭게 보도할 수 있었다. 그해 봄 스페인의 신문을 장식한 가장 중요한 소식은 바로 독감이 유행한다는 것이었다. 자국에서 발생한 전염병에 관해 보도할 수 없었던 다른 나라들은 스페인에서 보도한 전염병 발생 기사를 그대로 가져다 썼다. 이런 이유로 전 세계를 휩쓴 이 전염병은 '스페인독감(Spanish influenza)'이라는 이름으로 알려지게 되었다.

과학자들이 소환되다

그 후 얼마 지나지 않아 스페인독감은 손쓸 수 없을 정도의 기세로 퍼져 나가기 시작했다. 곳곳에서 사람들이 속수무책으로 죽어 나가자 전 세계는 혼란에 빠졌다. 독감이 유행하는 것을 막거나 독감 환자를 돕기 위해 의사들이 할 수 있는 일은 아무것도 없어 보였다. 미국의 외과의인 빅터

본(Victor Vaughan) 장군의 말에 따르면 그 당시 의사들은 "14세기 피렌체 사람들이 페스트에 대해 아는 바가 없었던 것만큼 이 독감에 대해 아는 바가 없었다." 이는 의학 분야의 크나큰 퇴보를 의미했다.

스페인독감이 등장하기 전까지만 해도 의학은 각종 질병을 차례차례 정복해 나가고 있었다. 콜레라, 장티푸스, 황열병, 말라리아 등 과거에 두려움의 대상이었던 수많은 병을 예방할 수 있을 뿐만 아니라 효과적으로 치료할 수도 있게 된 것이다. 그런데 지금까지 사람의 생명을 위협하리라고는 전혀 생각지도 못했던 독감이 갑작스레 등장하여 세계 도처에서 사람들의 목숨을 빼앗고 있었다. 게다가 이 비극적인 사건은 과학계가 미처 해결책을 내놓을 틈도 없이 번개 같은 속도로 전 세계를 덮쳤다. 백신을 개발할 시간도, 세계적 규모의 공중보건 대책을 마련할 시간도 없었다.

그러나 미국에서는 과학자들로 구성된 한 연구진이 스페인독감의 유행 양상을 분석하고 병이 어떻게 전염되는지를 파악하기 위해 열심히 노력하고 있었다. 1918년 4월 18일 공중보건국의 국장은 웨이드 햄프턴 프로스트(Wade Hampton Frost) 박사에게 새로 만든 독감현장연구소를 맡아 달라고 요청하는 편지를 보냈다. 이는 예산이 얼마 되지 않는 자그마한 기관에 붙이기에는 다소 거창한 이름이었다. 프로스트 박사는 오하이오 강변을 따라 발생한 장티푸스 유행과 뉴욕에서 일어난 소아마비 유행을 연구한 경험이 있는 인물로, 미국에서는 '전염병학'이라는 새로운 분야에서 가장 인정받고 있는 과학자이기도 했다.

독감의 2차 습격

프로스트 박사가 이끄는 몇 명 되지 않는 연구진(연구진에는 박사를 제외하고 상 근직 의사가 단 한 명밖에 없었고, 그 외에 직원과 조수가 몇 명 있었을 뿐이다)에게 맡겨진 임무는 처음에는 너무나 막막하게 보였다. 더구나 연구진이 미처 조사 계획을 세우기도 전에 문제 자체가 이미 끝나 버린 것처럼 보였다. 초여름이 되자 독감이 갑자기 자취를 감춘 것이다. 적어도 겉으로 보기에는 그랬다. 병원과 군 의무대는 더 이상 독감 환자들로 북적이지 않았다. 군대에서도 사회에서도 점차 일상은 제자리를 찾아갔다. 그러나 그 평온은

단순한 독감이 아니다

의사들에게 스페인독감은 그 이전에는 단 한 번도 본 적 없는 종류의 병이었다. 스페인독감이 가장 처음 크게 번지기 시작한 것은 1918년 가을, 보스턴 근처 군 기지에서였다.

한 군의관은 친구에게 보내는 편지에 자신이 목격한 소름 끼치도록 무서운 참상에 대해 다음과 같이 묘사했다.

"입원한 지 두 시간 만에 병사의 광대뼈 부분에는 적갈색의 반점이 나타난다네. 몇 시간이 지나면 귀 부분에서 청색증(산소 부족으로 인해 피부가 푸른빛을 띠는 증상)이 나타나기 시작해 얼굴 전체로 퍼져 나가지. 그 지경이 되면 이제 죽음이 찾아오는 것은 시간문제일 뿐이야. 질식으로 사망하는 순간까지는 그저 숨을 쉬기 위한 싸움일 뿐이라네. 정말 끔찍한 일이야. 한두 명, 또는 스무 명의 군인들이 죽어 가는 모습은 견딜 수 있네만, 그 가엾은 군인들이 마치 파리처럼 우수수 쓰러지는 모습을 보고 있노라면 신경이 날카로워진다네. 하루에도 100여 명 정도가 계속해서 죽어 가고 그 수가 점점 늘어만 가고 있어. … 죽은 이의 시체를 실어 나르는 특별 기차가 운행될 정도야. 요 며칠 동안은 관이 부족해서 시체가 쌓여만 가고 있는 상황이라네. 우리는 시체 안치소로 내려가서 … 길게 줄을 지어 누운 소년들의 시체를 지켜본다네. 방금 전투가 끝난 프랑스의 어떤 전장도 이토록 비참하지는 않을 거야."

141

일시적인 것에 지나지 않았다. 실제로 독감 바이러스는 변이, 즉 형태를 바꾸고 있었을 뿐이었다. 그리고 얼마 지나지 않아 독감은 한층 치명적인 병이 되어 다시 찾아왔다.

그해 가을, 전 세계에 흩어져 있는 세 도시에서 동시에 독감이 유행하기 시작했다. 아프리카에 있는 시에라리온의 수도 프리타운, 프랑스의 브

새로운 세기를 위한 새로운 과학

"전염병학자가 뭐예요?"

오늘날에도 전염병학자들은 자신의 직업을 이야기할 때 당황스러운 질문을 받는 데 익숙하다. 1918년 당시 웨이드 햄프턴 프로스트의 직업을 들은 사람이라면 아마도 누구나 머리를 긁적였을 것이다. 분화된 학문으로서 전염병학은 당시에는 완전히 새롭고 거의 알려지지 않은 개념이었다.

1850년 영국에는 전염병의 유행을 연구하는 런던전염병학회가 설립되었다. 그런 영국에서도 전염병 발생을 조사하고 공중보건을 감독하기 위해 전염병학자를 처음으로 고용한 것은 1880년대에 들어서였다. 북아메리카 대륙에서는 전염병학을 공중보건에 유용한 분야로 인식하는 속도가 훨씬 느렸다. 미국에 공중보건국이 설립된 것은 1902년이었고 하버드 대학에 최초로 공중보건과가 생긴 것은 10여 년이 지난 1913년이었다.

1918년 웨이드 햄프턴 프로스트 박사가 스페인독감에 대한 연구 요청을 받은 일은 전염병학에 있어 큰 발전이기도 했지만 인류가 미지의 세계로 나아가는 한 걸음이기도 했다. 미국 전체를 대상으로 스페인독감의 전염 경로를 파악해야 했던 이 연구만큼 범위가 넓고 규모가 큰 연구는 이제까지 한 번도 시행된 적이 없었다. 프로스트 박사가 이끄는 작은 연구진은 컴퓨터가 등장하기 훨씬 이전에 방대한 분량의 자료를 수집하고 분석하는 방법을 개발해야만 했다. 프로스트 박사의 연구진이 성공을 거둔 덕분에 전염병학의 새로운 시대가 열렸다. 인류가 가장 두려워하는 질병을 물리치는 한편 예방할 수 있게 된 것이다.

레스트, 미국의 보스턴, 이 세 도시를 휩쓴 독감 유행은 전 세계를 두 번째로 덮친 스페인독감 범유행의 시발점이었다. 게다가 이번 독감은 그저 사흘쯤 앓고 나면 나을 수 있는 병이 아니었다. 1918년 가을에서 초겨울로 이어지는 그 끔찍했던 6주 동안 수천만 명이 독감에 걸렸고 그중 수백만 명이 목숨을 잃었다.

이 세 도시 모두 군대 수송에 있어 핵심적인 요지였다. 유럽으로 들어가는 관문인 브레스트에서 미군은 독감 바이러스에 감염되었고 그 이후 유럽 전역에 바이러스를 퍼트렸다. 독감에 감염된 채 북아메리카로 귀향한 군인들은 보스턴 항에 내려 기차를 타고 각자의 고향으로 돌아가면서 독감 바이러스를 대륙 구석구석으로 실어 날랐다. 프리타운은 아프리카와 동아시아와 유럽 사이를 오가는 배들이 잠시 정박하여 엔진 연료인 석탄을 보급받는 요지였는데, 1918년 가을에는 석탄뿐만 아니라 독감 바이러스도 함께 나누어 주었다.

스페인독감이 세계적으로 유행하던 당시 수많은 나라가 위기에 처했다. 전쟁 때문에 의사와 간호사가 부족했던 것이다. 미국만 해도 전국의 의사와 간호사의 3분의 1이 전력에 투입되었기 때문에 민간인을 돌보기 위해 남아 있던 의사들은 과로 상태였고 의료 물품도 충분하지 않았다. 설사 독감 환자가 운 좋게 의사에게 진찰을 받거나 입원할 수 있다고 해도 독감을 치료하기 위해 의사가 할 수 있는 일은 그리 많지 않았다. 의사는 환자를 안정시키고 수분을 보충해 주면서 환자 스스로 회복하기를 바랄 뿐이었다. 그러나 너무나 많은 환자가 회복하지 못하고 숨을 거두었다.

이런 종류의 독감은 전에 한 번도 보지 못한 것이었다. 환자들에게는 여러 가지의 극심한 증상이 무작위로 나타났다. 심한 몸살이나 고열, 오한, 귀의 통증이나 며칠 동안 지속되는 두통에 시달리기도 하고 눈, 코, 입, 귀에서 피를 흘릴 뿐만 아니라 피를 토하기도 했다. 폐에 물이 차는 경우도 있었다. 목숨이 위태로운 지경까지 가면 혈액에 산소가 부족해 환자의 피부가 푸른색으로 변하기도 했다. 한 의사는 이 푸른색을 '거무스름한 납빛'이라고 표현했다.

독감은 그야말로 갑작스럽게 덮쳐오기도 했다. 거리에서 갑자기 쓰러져 그 자리에서 숨진 사람들의 이야기, 전날까지만 해도 건강한 모습으로 잠자리에 들었는데 이튿날 숨진 채 발견된 사람들의 이야기가 전해졌다. 가족 모두 독감으로 쓰러진 집도 있었고, 부모가 모두 세상을 떠난 후 죽은 식구들의 시체와 함께 집에 홀로 남겨진 아이도 있었다. 일부 도시에서는 관이 다 떨어져 어쩔 수 없이 시체들을 공동묘지에 한꺼번에 매장했다. 짐마차가 거리를 오르내리는 동안 마부는 사람들에게 시체를 가지고 나오라고 소리 높여 외쳤다. 유럽에 페스트가 유행해 사람들의 목숨을 닥치는 대로 앗아 갔던 페스트 시대 이후 한 번도 볼 수 없었던 비참한 광경이었다.

이 새로운 종류의 독감이 전 세계에서 기승을 부리는 바람에 각 나라는 전시의 보도관제를 풀 수밖에 없었다. 미국, 캐나다, 영국의 정부와 언론은 자국민에게 스스로 조심하여 독감을 예방해야 한다고 당부했다. 극장이며 댄스홀, 도서관, 식당, 교회처럼 사람들이 많이 모이는 곳은 모두 문을 닫았다. 기침이나 재채기를 할 때는 얼굴을 가리라고 알리는 포스터와 간판이 도시 곳곳에 나붙었다. 수많은 사람이 거즈로 된 수술용 마스크를 쓰고 다니는 습관을 들였다. 하지만 그 어떤 방법도 독감의 유행을 막지도, 늦추지도 못하는 듯 보였다. 아일랜드의 더블린에서는 공중보건국 직원들이 도시를 병으로부터 보호하기 위해 도로변의 도랑에 소독약을 대량으로 부었다. 뉴질랜드에서는 쥐가 독감을 전염시키는 원흉일 경우를 대비하여 쥐를 모조리 잡아 없애기 시작했다. 그러나 이와 같은 잘못된 방법들을 비롯한 그 어떤 노력도 독감의 범유행을 막는 데는 전혀 소용이 없었다.

설상가상으로 그해 늦가을에는 전혀 예상치 못한 사건을 계기로 독감이 엄청난 기세로 세계를 덮쳤다. 전쟁이 끝난 것이다. 1918년 11월 11일

이런 방법이 효과가 있을까?

의사와 과학자 들이 스페인독감 치료법을 내놓지 못하자 사람들은 병을 예방하는 민간요법으로 관심을 돌렸다. 마늘이나 좀약, 설탕에 부은 등유, 계핏가루, 유칼리기름은 인기 있는 예방책이었다. 사람들은 장뇌를 넣은 주머니를 목에 두르거나 주머니에 감자를 넣고 다녔으며 생 양파를 먹었다.

루이지애나주에서는 스페인독감 예방책으로 일본의 한 신사에서 축복을 받았다고 하는 '신성한 조약돌'을 판매했다. 유황을 신발에 뿌리거나 젖은 건초를 그을려 연기를 들이마시기도 했다. 수많은 사람이 담배를 피우면 독감 예방에 도움이 된다고 믿었다. 네덜란드의 한 가게에서는 직원들에게 의무적으로 담배를 피우도록 했을 정도였다.

이 중에 스페인독감의 전염을 막는 데 효과가 있는 방법이 하나라도 있었을까? 그랬을 가능성은 낮다. 사람들이 민간요법을 믿고 안심하여 더 많이 돌아다녔다는 측면에서 볼 때 민간요법은 더 많은 사람을 독감에 걸리게 했을지도 모른다.

오전 11시 종전이 선포되자 세계 각지에서 사람들이 밖으로 몰려나와 전쟁이 끝난 것을 축하했다. 도심에는 종전을 축하하는 사람들로 물결쳤고 이곳저곳에서 행진이 벌어졌으며 사람들은 웃음을 터트리고 소리를 지르고 노래를 부르면서 서로 껴안고 키스하고 악수를 나누었다. 그러는 통에 독감은 더 널리 퍼지게 되었다.

중대한 보고

스페인독감이 두 번째로 전 세계를 휩쓸기 시작할 무렵 프로스트 박사가 이끄는 자그마한 연구진은 해일처럼 밀려드는 정보에 파묻힐 지경이었다. 독감이 유행하고 있다고 알려진 세계의 모든 지역에서 정보가 물밀듯이 쏟아져 들어왔다. 거기다가 각 지역에서 들어오는 정보는 제각기 그 내용이 크게 달랐다. 사망 원인을 독감이라고 기록한 경우가 있는가 하면 폐렴이라고 기록한 경우도 있었다. 이 모든 죽음을 이번 독감 범유행의 일부로 보아야 할까?

　이토록 정보가 제각각인 것은, 1918년 당시 독감을 치료하던 의사들에게는 그 지역 보건 당국에 독감 환자를 보고할 의무가 없었다는 사실이 어느 정도 영향을 미쳤다. 그 당시만 해도 독감은 공중보건 당국이 계속 염두에 두고 예의 주시하던 천연두나 장티푸스, 콜레라 같은 병과 달리 주의 깊게 감시해야 할 병이 아니었다. 대개의 경우 사흘 정도 가볍게 앓고 나면 건강을 회복하는 독감 환자의 수를 굳이 추적할 필요가 어디 있었겠는가.

제대로 된 정보가 부족하다는 것은 프로스트 박사의 연구진에게 큰 문제였다. 독감에 걸린 환자가 몇 명인지도 파악하지 못한 상황에서 독감이 얼마나 널리 퍼졌는지, 치사율이 얼마나 되는지를 어떻게 판단할 수 있겠는가. 이런 상황에서 시도할 수 있는 유일한 방법은 집집마다 찾아가 몇 명이나 독감에 걸렸는지, 그리고 사망한 사람은 몇 명인지를 물어보고 다니는 '가죽 구두 방법론'뿐이었다. 1854년 런던에 콜레라가 발생했을 당시 존 스노 박사가 썼던 바로 그 방법이다. 프로스트 박사 또한 1916년 뉴욕에 소아마비가 유행했을 때 이를 조사하기 위해 가죽 구두 방법론을 쓴 경험이 있었다. 하지만 이 작은 연구소에서 무슨 수로 미국도 아닌 전 세계를 일일이 조사하고 다니며 범유행의 경로를 추적한단 말인가.

결국 프로스트는 아주 작은 표본 집단을 조사하는 것밖에 방법이 없다는 결론을 내렸다. 연구진은 열 곳의 도시를 선정한 다음 각 도시의 주민들을 조사하기 위해 훈련시킨 수백 명의 조사원을 파견했다. 1919년 봄이 지나는 동안 웨이드 프로스트가 파견한 조사원들은 11만 2,958명에게 스페인독감이 범유행하던 당시의 경험에 대해 소상히 캐물었다. 독감에 걸렸었는가? 친구나 이웃, 가족 중에 독감에 걸렸던 사람이 있는가? 독감에 걸린 사람이 있었다면 얼마나 오래 병을 앓았는가? 어떤 증상이 나타났는가?

1919년 8월 프로스트는 〈독감의 전염병학〉이라는 보고서를 발표했다. 당시 프로스트의 연구진이 발견한 중요한 사실을 담은 이 보고서는 오늘날까지도 전염병학자들 사이에서 계속해서 연구되고 있다. 그중에서 특

147

히 두 가지 발견이 중요하다.

첫 번째로 이 보고서는 독감이 유행한다는 것을 사람들이 알아채기 전부터 미국 전역에 폐렴으로 인한 사망자 수가 증가했다는 사실을 지적한다. 폐렴은 독감으로 발생할 수 있는 폐의 감염증이기 때문에 폐렴으로 인한 사망자가 증가하는 현상은 독감 유행의 초기 징후 중 하나로 볼 수 있다. 그래서 오늘날에도 공중보건 당국은 폐렴으로 사망하는 환자의 수를 주의 깊게 관찰하고 있다.

두 번째로 프로스트의 연구진은 노인과 영유아가 독감에 걸린 경우 치사율이 높다는 사실을 발견했다. 그런 까닭에 오늘날 공중보건 당국은 60세 이상의 노인, 5세 이하의 영유아에게 우선적으로 독감 예방접종을 하고 있다.

이름에 숨은 비밀

헝가리에서 스페인독감은 '검은 채찍(Black Whip)'이라는 이름으로 알려져 있다. 독일 사람들은 '번개 감기(Blitzkatarrh)' 또는 '플랑드르 열병(Flanders Fever)'이라 부른다. 폴란드에서는 '볼셰비키 병(Bol'sheviki Disease)', 스페인에서는 '나폴리 병사(Naples Soldier)'라는 이름으로 알려져 있다.

스리랑카 사람들은 이 독감에 '봄베이 열병(Bombay Fever)'이라는 이름을 붙였다. 스위스에서는 '고급 창녀(La Coquette)', 이탈리아에서는 '모래파리 열병(Sandfly Fever)', 일본에서는 '스모 감기(Wrestler's Fever)'라고 부르며 프랑스에서는 '독감(La Grippe)'이라고 부른다. 영국과 캐나다, 미국에서는 1918년 모든 이를 두려움에 떨게 만든 이 병을 '스페인독감'이라고 부른다.

이 독감을 부르는 이름은 나라마다 다르지만 한 가지 공통점이 있다. 이름을 통해 이 무서운 병에 대한 책임을 각기 다른 대상에게 넘겨씌운다는 점이다.

1918년 스페인독감이 범유행하던 당시에는 뜻밖에도 건강한 젊은 층에서 사망자가 많이 나왔다. 이런 사망 유형을 'W형 치사율'이라고 한다. 연령별 사망률 그래프에서 한가운데가 예상치 못하게 치솟아 있기 때문이다. 인생의 황금기를 보내던 젊은이들 중에서 사망자가 많이 나온 까닭은 무엇일까? 의학 분야의 연구자들은 오늘날까지 이 난제를 두고 고심하고 있다. 현재 과학자들은 1918년 범유행이 일어나기 이전, 적어도 70년 동안은 이와 비슷한 종류의 독감이 나타난 적이 없었다고 추정한다. 그러므로 당시에는 어느 누구도 스페인독감에 면역이 되어 있지 않았다. 이 말은 곧 스페인독감이 유행하던 당시에 나타난 젊은 층의 사망률이 일반적인 독감 유행에서 예상되는 사망률보다 훨씬 더 높게 나타날 수밖에 없었다는 뜻이다.

이건 돌연변이야!

독감 바이러스는 변신의 귀재다. 우리가 매년 독감에 걸리는 까닭은 독감 바이러스가 그 형태를 계속해서 바꾸기 때문이다. 새로운 종류의 바이러스가 나타나면 우리 면역계는 더 이상 그 바이러스를 인식하지 못하므로 새롭게 독감 백신을 만들어 내야만 한다. 과학자들은 바이러스에 일어나는 이런 변화를 '돌연변이(mutation)'라고 부른다.

독감 바이러스는 두 가지 방식으로 변이한다. '항원소변이'와 '항원대변이'다(여기에서 '항원'이란 독소나 바이러스처럼 우리 몸에 들어와 면역반응을 일으키는 물질을 가리킨다). 항원소변이는 점진적인 변이로, 바이러스가 조금씩 그 형태를 바꾸는 현상을 뜻한다. 항원대변이는 바이러스가 갑작스럽게 큰 변화를 일으키는 현상을 뜻한다. 과학자들은 1918년 가을, 스페인독감 바이러스가 그토록 짧은 기간에 치명적인 형태로 변한 원인을 항원대변이가 일어났기 때문이라고 추측하고 있다.

페이션트 제로를 찾아서

웨이드 햄프턴 프로스트가 전염병학의 역사에 남긴 위대한 업적 중 하나는 사실 스페인독감과는 전혀 관계가 없다.

1930년대 박사는 미국의 테네시주에서 결핵을 연구하고 있었다(결핵은 전염성이 높은 폐 질환으로, 오늘날에도 전 세계에 걸쳐 수백만에 이르는 사람들의 목숨을 앗아가고 있다). 결핵 환자에 대한 자료를 계속해서 조사하는 동안 프로스트는 병이 유행하게 된 출발점, 즉 최초 감염자를 찾아내면 그 병이 퍼져 나간 양상을 재현할 수 있다는 사실을 깨달았다. 최초 감염자를 찾을 수만 있다면 전염병학자들은 병이 어떻게 전염되는지, 전염성이 얼마나 높은지, 사람들이 병에 걸리기 쉽게 만드는 요소가 무엇인지를 파악할 수 있을 터였다. 프로스트는 전염병 발생의 중심에 있는 최초 감염자를 '지표 환자(index case)'라고 불렀다. 현재의 전염병학자들은 지금도 지표 환자라는 용어와 함께 프로스트가 지표 환자를 밝히기 위해 개발한 방법들을 사용하고 있다. 오늘날 지표 환자는 '페이션트 제로'라고도 불린다.

하지만 한편으로 스페인독감은 일반적인 독감과는 다른 치명적인 종류의 독감이었다. 몇몇 학자들은 스페인독감이 젊은 층에게 치명적으로 작용했던 까닭은 독감 바이러스가 환자의 면역계에 과잉 반응을 일으켰기 때문이라고 설명한다. 다시 말해 건강하고 젊은 환자의 튼튼한 면역계가 바이러스의 간섭을 받자 도리어 한층 강한 살인 도구로 변모하여 다른 연령층의 사람들보다 극심한 증상을 일으켰고, 그 결과 환자를 죽음에 이르게 만들었다는 것이다.

냉동된 단서

독감 유행이 막을 내린 이후로 오랫동안 스페인독감 바이러스를 연구할 방법이 없었다. 왜 스페인독감이 다른 독감에 비해 치사율이 유독 높았는가 하는 의문에 대한 답은 수많은 희생자와 함께 땅속에 묻혀 버렸다.

1950년대 미국 아이오와 대학의 요한 홀틴(Johan Hultin)은 알래스카의 영구 동토에서 바이러스를 찾아보려고 했다. 그는 알래스카에 있는 외딴 마을 브레비그 미션에서 마을 사람들이 스페인독감에 걸려 거의 몰살당하다시피 한 사실을 알게 되었다. 1918년 당시 여든 명의 마을 주민 가운데 일흔두 명이 사망했고, 이들은 모두 공동묘지에 매장되었다. 홀틴은 알래스카의 영원히 얼어붙은 땅속에 시체들이 냉동된 채 보존되어 있을지도 모른다고 생각했다. 만약 희생자 중 한 명에게서 조직 표본을 채취할 수 있다면 이들의 목숨을 앗아 간 바이러스를 분리해 낼 수 있을지도 몰랐다. 홀틴은 마을 어른들에게 무덤을 파헤쳐도 좋다는 허락을 받고

151

알래스카로 향했다.

홀틴은 얼어붙어 있던 조직 표본을 채취하는 데 성공했지만, 이를 연구하기 위해서는 표본을 아이오와에 있는 연구실까지 가지고 가야 했다. 그는 돌아오는 긴 여정 동안 소중한 조직 표본이 녹아 버리지 않도록 비행기를 갈아타는 사이사이 표본을 공항과 호텔 냉동실에 보관했다. 그러나 연구실에 도착했을 때 조직 표본은 이미 손상되어 버린 상태였고, 홀틴은 바이러스를 추출할 수 없었다. 다시 알래스카로 갈 여비가 없었던 홀틴은 스페인독감의 수수께끼를 풀고 싶은 일생의 꿈을 포기할 수밖에 없는 처지에 몰렸다.

그 후 2005년 한 연구진이 조직 표본에서 유전 물질을 분리하는 새로

얼마나 많은 사람들이 죽었을까?

20세기가 시작되던 무렵 각 나라의 기록 관리 수준은 제각각이었다. 아주 기본적인 기록만을 남기는 나라도 있었고, 기록 관리 자체가 아예 존재하지 않는 나라도 있었다. 이 말은 곧 스페인독감에 걸린 사람이 얼마나 되는지는 물론 스페인독감으로 사망한 사람이 얼마나 되는지 정확하게 알 수 없다는 뜻이다.

인도에서는 스페인독감으로 사망한 사람이 1,600~1,800만 명에 이를 것으로 추정된다(인도에서는 페스트 유행이 끝나 갈 무렵에 스페인독감이 덮쳤다. 1898~1918년 인도에서는 1,200만 명이 페스트로 목숨을 잃었다). 통계 수치가 전혀 존재하지 않는 아프리카의 사망자는 어림잡아 수천만 명에 이를 것으로 추정된다. 동남아시아와 중국, 남아메리카에도 신뢰할 만한 통계 수치가 존재하지 않는다. 캐나다에서 스페인독감으로 사망한 사람은 5만 명에 이르고 미국에서는 55만 명에 이른다. 영국에서는 22만 8,000명이, 독일에서는 40만 명이, 프랑스에서는 30만 명이 스페인독감으로 사망했다.

운 방법을 개발했다는 소식을 들었을 때 홀틴은 이미 은퇴한 뒤였다. 하지만 그는 이 기회를 놓치지 않았고, 자신이 50년 전에 시작한 과업을 마무리하기 위해 브레비그 미션으로 갔다. 이번에는 바이러스를 분리하는 데 성공했고, 연구 결과 스페인독감이 일종의 조류독감 바이러스로 인해 일어났다는 사실을 확인했다. 또한 백신을 개발하여 또 다른 스페인독감 범유행에서 전 세계를 안전하게 보호할 수 있었다.

스페인독감이 남긴 교훈

역사상 가장 끔찍했던 전염병의 범유행이 끝난 지 100년이 지났지만 과학자들은 여전히 스페인독감이 남긴 기록을 연구하고 있다. 이 병이 어떻게 그토록 광범위하게, 그토록 빠른 속도로 번져 나갔는지를 이해하는 한편 병의 확산을 늦추는 데 어떤 방법이 효과가 있었는지를 알아내기 위해서다. 스페인독감에는 효과적인 치료법이 존재하지 않았기 때문에 범유행을 억제하기 위해서는 오늘날 전염병학자들이 '비약물적 중재 조치(Non-pharmaceutical Intervention, NPI)'라고 부르는 방법에 의지해야 했다. 비약물적 중재 조치로는 마스크 쓰기, 손 씻기, 집에 머무르기, 외출할 경우 다른 사람과 안전한 거리 유지하기, 모임 안 하기 등이 있다.

2020년 초반 코로나19가 전 세계에 퍼져 나가면서 공중보건 당국에서는 사람들에게 1918년에도 효과가 있었던 규칙을 그대로 지켜 달라고 요청했다. 코로나19 백신이나 치료약이 나오기 전이었기 때문에 비약물적 중재 조치는 사람들의 안전을 지킬 수 있는 최선의 방법이었다. 학교와 회사가 문을 닫았고, 사람들은 집에 머물면서 오로지 식료품을 구하기 위해서만 외출했다. 하지만 이런 상태를 얼마나 오래 유지해야 하는지에 대해서 사람들의 의견이 갈렸다. 이 문제에 대해 스페인독감을 겪었던 도

치명적인 독감

오늘날 우리는 스페인독감이 사람에게 전염되도록 변이한 조류독감의 일종이라는 사실을 알고 있다. 야생의 물새는 조류독감을 전염시키는 '숙주'다. 이 말은 곧 독감 바이러스가 물새들 사이에 흔하게 존재하지만 물새에게는 가벼운 증세의 병만 일으킨다는 뜻이다. 그런데 이따금 바이러스에 감염된 야생 물새가 사람이 사육하는 조류(이를테면 닭)와 접촉해 독감을 옮기는 일이 일어난다. 이런 조류독감은 닭에게 치명적이다. 또한 조류독감 바이러스가 닭에서 사람으로 옮는 과정에서 그 형태가 바뀌면서 사람들 사이에서 퍼져 나갈 가능성도 있다.

지난 40년 동안 인구 밀도가 높고 가금류와 접촉이 많은 지역에서는 수차례 조류독감이 발생했다. 1997년 중국의 홍콩 근처에 있는 양계장 몇 곳에서 수천 마리의 닭이 갑작스럽게 죽어 나가는 사건이 벌어져 전 세계가 경악했다. 얼마 지나지 않아 홍콩 사람들이 독감에 걸리기 시작했고 공중보건 당국은 또 다른 치명적인 독감이 세계적으로 유행할까 봐 전전긍긍했다. 독감이 퍼져 나가는 것을 막기 위해 홍콩과 그 주변 지역에 살던 가금류를 몰살했다. 이때 죽은 가금류는 무려 150만 마리에 이른다.

2003년 조류독감이 다시 돌아왔다. 일반적으로 H5N1이라고 불리는 고병원성 조류독감이 중국과 한국, 베트남, 일본, 태국 등에서 소규모로 발생했다. 지금까지는 병에 걸린 가금류와 직접 접촉한 사람만 독감에 걸린 것으로 나타났다. 세계보건기구에서는 2020년까지 H5N1에 확진된 사람은 861명이며, 그 가운데 455명이 사망했다고 발표했다. 하지만 언젠가 이 바이러스가 사람들 사이에서 전염되도록 변이하여 전 세계에 또 한 차례의 범유행을 일으킬지도 모를 일이다. 이 문제를 두고 과학자들은 근심하고 있다.

시들의 경험에서 해답을 찾을 수 있을까?

1918년의 자료를 연구한 전염병학자들은 시기가 중요하다는 데 의견을 모은다. 교회나 극장, 학교처럼 사람들이 많이 모이는 장소를 발 빠르게 폐쇄한 도시들에서는 감염률이 낮았고 사망자도 많지 않았다. 하지만 규칙을 완화하자마자 독감은 다시 돌아왔다. 과학자들은 1918년 범유행 당시 도시들의 유행 곡선을 비교한 결과, 사회적 거리 두기를 계속 실천한 도시에서는 2차 유행이 일어나지 않았음을 알아차렸다. 스페인독감 유행에서 살아남는 비결은 집에 머무는 것이었다.

사회적 거리 두기, 오래된 개념을 부활시키다

2005년 스페인독감을 다룬 《위대한 독감(The Great Influenza)》이 출간되었다. 이 책은 1차 세계대전의 막바지에 스페인독감 바이러스가 전 세계로 퍼져 나가게 된 이야기를 담고 있다. 그해 여름, 당시 미국 대통령이던 조지 부시(George W. Bush)는 휴가를 떠나는 길에 《위대한 독감》을 여행 가방 안에 챙겨 넣었다.

부시 대통령은 독서를 통해 과거 이야기를 즐기는 대신 미래에 대해 생각하게 되었다. 휴가에서 돌아온 부시는 참모들을 불러 모아 미래를 대비한 계획을 세워야 한다고 말했다. 앞으로 스페인독감 같은 범유행이 일어난다면 미국은 어떻게 대처해야 하는가?

그에 대한 답은 전혀 새롭지 않은 것이었다. 대책을 마련하기 위해 불러온 과학자들은 중세 시대 처음으로 등장한 격리 같은 사회적 거리 두기가 질병의 확산을 막는 데 가장 효과적인 방법임을 현대 과학을 이용하여 증명해 보였다.

오늘날 많은 사람은 몸이 아플 때마다 의사가 병을 낫게 할 약물을 처방해 줄 것이라고 기대한다. 그저 집에 머무르라는 단순한 처방은 의학이 한 걸음 후퇴한 것처럼 보이게 한다. 하지만 실제로 과학자들은 스페인독감 유행이 남긴 교훈을 적용했고, 첨단 컴퓨터 모델을 통해 사회적 거리 두기의 효과를 입증했다.

스페인독감으로 사망한 엄청난 숫자의 사람들을 보면서 전 세계 공중보건 당국과 정부 들은 의료를 시행하는 방식을 바꾸어야 한다고 깊이 깨달았다. 그 당시 대부분의 의사는 단독으로 일하거나 자선 단체, 또는 종교 단체에 속해 일하고 있었다. 의사들이 보건 당국에 질병 사례에 대해 보고할 의무가 없었기 때문에 범유행이 다가오는 것을 예측할 방법이 없었다.

스페인독감 유행이 끝나고 수십 년에 걸쳐 전 세계 국가들은 차례차례 무료 의료 제도나 사회 의료 보장 제도를 만들어 국민에게 제공하기 시작했다. 노르웨이가 가장 먼저 무료 의료 제도를 도입했고 일본, 뉴질랜드, 영국, 프랑스, 독일, 캐나다가 그 뒤를 이었다.

독감 유행이 전 세계를 휩쓸고 지나가면서 질병을 통제하기 위해서는 국제적으로 협력해야 한다는 사실이 증명되었다. 그리고 1919년 전염병 유행을 막기 위한 첫 국제기관이 설립되었다. 이 기관은 훗날 세계보건기구로 발전했고, 2020년 세계보건기구는 코로나19와 맞서 싸우는 전쟁을 앞장서 지휘하게 되었다.

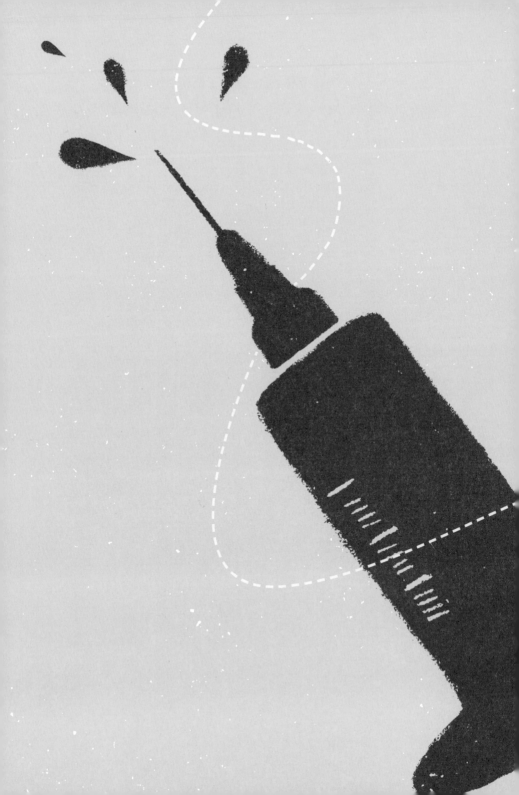

6

정글의
병균 사냥꾼

1976년 자이르의 에볼라

마발로를 감염시킨 바이러스는 그의
장기를 녹여 진득한 액체로 만들었다.
그리고 그 체액은 눈과 귀,
피부 밖으로 흘러나왔다.
마발로가 한 번씩 구역질을 할 때마다
수백만에 이르는 전염성의
미생물이 주위로 퍼져 나갔다.
이것은 전혀 새로운 병이었으며,
엄청나게 위험한 병이었다.

-본문에서

창문 하나 없는 방 안의 공기는 탁했다. 벽에 칠한 페인트가 벗겨져 색바랜 회벽의 울퉁불퉁하고 습기 찬 표면이 군데군데 드러나 있었다. 그러나 바닥은 깨끗이 치워져 있었고 구석에 놓인 좁다란 철제 간이 침상도 깨끗했다. 침상에는 한 남자가 땀을 흘리며 누워 있었다. 남자의 눈빛이 흐릿했다. 방 안에서 들리는 소리라고는 남자가 미약하게 숨을 헐떡이는 소리뿐이었다. 마발로 로켈라(Mabalo Lokela)는 심하게 앓고 있었다.

1976년 9월의 일이었다. 마발로는 자이르(현재는 콩고민주공화국이라고 부른다)에 있었다. 중앙아프리카에 위치한 자이르는 사방팔방으로 뻗은 고온다습한 정글과 인구가 밀집한 도시가 뒤섞여 있는 나라였다. 당시의 자이르는 병치레를 하기에 좋은 장소가 아니었다. 의사는 물론 간호사도, 병원도, 진료소도 충분치 않았다. 무엇보다도 의학적 도움이 필요한 모든 사람을 치료하기엔 의약품이 턱없이 부족했다. 열대지방에 위치한 자이르에서는 모기나 기생충, 감염된 음식이나 물을 통해 퍼지는 전염병에 걸리기가 쉬웠다. 당시에는 국민 대부분이 가난했을 뿐만 아니라 혼잡하고 비위생적인 환경에서 살았기 때문에 일단 전염병이 발생하기만 하면 산불처럼 번져 나갔다. 자이르에서 병에 걸린다는 건 살면서 당연히 겪어야 하는 자연스러운 일일 뿐이었다. 그러나 병을 털고 일어나는 것은 아무도 장담 못하는 또 다른 문제였다.

자이르 북부 에카퇴르주에 위치한 얌부쿠 마을은 병치레하기에 특히 좋지 않은 장소였다. 정글로 둘러싸인 이 마을에서 가장 가까운 도시로 가려면 울퉁불퉁한 흙길로 몇 시간을 달려야 했다. 얌부쿠 마을에는 의사도, 병원이랄 만한 곳도 없었다. 벨기에에서 온 가톨릭 수녀회가 운영하는 진료소가 한 곳 있을 뿐이었다. 하지만 좋든 싫든 마발로는 이 마을에 있었다. 얌부쿠는 그의 고향이었다.

마을 학교의 교사인 마발로는 평생 단 한 번뿐이었던 휴가에서 이제 막 돌아온 참이었다. 그는 근처 마을에 사는 친척과 친구 들을 방문했고 사냥도 몇 차례 다녀왔으며 관광을 나서기도 했다. 하지만 집으로 돌아온 마발로에게 남은 것은 기념품 한두 점과 행복한 추억이 아니라 극심한 고열과 머리가 쪼개질 듯한 두통, 심한 몸살기뿐이었다.

마발로는 말라리아에 걸린 것이 틀림없다고 생각했다. 말라리아라면 전에도 한번 걸려 본 적이 있었다. 대규모의 커피 농장을 만들기 위해 개간한 낮은 습지에 모기들이 번식하며 기승을 부리는 데다 마을 사람들 중 어느 누구도 창문에 방충망을 칠 여유가 없었다. 그래서 마을 사람들은 모두 이 '온몸이 떨리는 열병'에 걸릴 위험에 처해 있었다.

마발로는 얌부쿠 진료소의 몇 안 되는 검사실 중 한 곳에 누워 있었다. 그는 선교회가 유럽에서 배로 보급받은 물품 중에 약품이 조금이라도 남아 있기를 바랐다. 운이 좋으면 주사 한 대 맞고 집으로 돌아가 1~2주쯤 열이 내리길 기다렸다가 다시 일할 수 있을지도 몰랐다.

마발로를 치료하기 위해 분주한 발걸음으로 들어온 수녀 역시 마발로가 또 말라리아에 걸린 것처럼 보인다고 말했다. 베아타 수녀는 간호사가 아니었지만(선교사 중에는 정식으로 의학 교육을 받은 사람이 아무도 없었다) 아프리카에서 수년을 보내는 동안 말라리아 환자를 수도 없이 보아 왔다. 베아타 수녀는 거의 텅 비어 버린 찬장을 샅샅이 뒤진 끝에 유리 주사기에 항말라리아제인 클로로퀸을 채워 넣고 마발로가 바라 마지않던 주사를 놓아

주었다. 곧 마발로는 아내의 어깨에 몸을 의지한 채 천천히 걸어 집으로 돌아갔다.

처음에는 베아타 수녀가 놓아 준 주사가 전에도 그랬듯이 효력을 보이는 듯싶었다. 그러나 하루 이틀이 지나자 마발로는 다시 심한 고열에 시달리기 시작했다. 금세 그는 일어설 수 없을 정도로 쇠약해졌고 심한 설사와 구토에 시달리며 완전히 초췌해졌다. 마발로의 아내와 첫째, 둘째 딸은 최선을 다해 그를 간호했다. 마발로네 상황이 계속 안 좋아지자 친지와 이웃 들은 두 딸을 뺀 나머지 여섯 아이를 나누어 맡아 주었다. 절박해진 아내는 남편을 치료할 수 있을지도 모른다는 희망을 품고 수녀들에게 집으로 찾아와 달라고 간청했다.

마발로 가족이 사는 작은 오두막으로 들어선 수녀들은 라피아 야자수 잎으로 만든 자리를 깐 낮은 침대 위에 마발로가 땀으로 흠뻑 젖은 채 헐떡이며 누워 있는 모습을 발견했다. 귀밑의 검붉은 핏자국과 코와 눈 밑에 고인 핏물 주위로 파리들이 윙윙거리며 모여들었다. 겁에 질린 수녀들이 지켜보는 가운데 마발로는 경련을 일으키며 검붉은 피를 왈칵 토했다. 아내는 두려움에 질려 서 있는 수녀를 향해 몸을 돌렸다.

"수녀님, 남편을 치료할 약이 있으신가요?"

베아타 수녀는 무겁게 고개를 가로저으며 조용한 목소리로 말했다.

"이건 전혀 새로운 병이 분명해요."

당시에는 아무도 알지 못했지만 마발로를 감염시킨 바이러스는 그의 장기를 녹여 진득한 액체로 만들고 있었다. 그리고 바로 그 체액이 마발로의 눈과 귀 같은 구멍과 피부 밖으로 흘러나오고 있었다. 마발로가 한 번씩 구역질을 할 때마다 수백만에 이르는 전염성의 미생물이 주위로 퍼져 나갔다. 그의 딸들이 세탁한, 피와 토사물로 흠뻑 젖은 누더기는 치명적인 미생물이 득시글거리는 시한폭탄이었다. 베아타 수녀의 말이 옳았다. 이것은 전혀 새로운 병이었으며, 엄청나게 위험한 병이었다.

무섭게 번져 나가다

일주일이라는 길고 긴 시간 동안 수녀들과 마발로의 아내는 마발로의 목숨을 부지하기 위해 밤낮으로 갖은 애를 썼다. 하지만 마발로는 결국 그 악몽 같은 병에 목숨을 빼앗기고 말았다.

자녀들에게 둘러싸인 마발로의 아내는 친척과 이웃의 도움을 받아 장례를 치르기 위해 남편의 유해를 단장했다. 사람들은 두껍게 굳어 버린 피딱지를 해면으로 닦고 마발로의 몸을 깨끗이 씻어 냈다. 장례식에 참석한 사람들은 마발로를 가족 오두막 바로 옆에 마련해 둔 무덤에 안치하기 전 유해 옆에 앉아 하루를 보낼 예정이었다.

장례식에 참석한 사람들의 곡소리가 묵묵하고 무더운 공기 중에 울려 퍼지는 동안 선교회의 자그마한 교회당에 모여 기도를 드리던 수녀들은 일종의 안도감을 느꼈다. 마발로의 병은 끔찍했지만 이제 다 끝난 일이었다. 마을과 선교회의 일상은 이제 제자리로 돌아갈 수 있을 터였다.

그러나 며칠 후부터 사람들이 병으로 쓰러지기 시작했다. 고열과 두통, 구토와 설사 증상을 호소하는 사람들이 진료소로 찾아왔다. 처음 진료소를 찾은 사람 중에는 마발로의 아내와 첫째 딸, 마발로의 어머니와 여동생과 장모가 있었다. 그 뒤로도 환자들이 잇달아 진료소를 찾았다. 불과 며칠 만에 마발로의 장례식에 참석했던 사람 중 스물한 명이 마발로와 똑같은 증상을 보였다. 다른 마을 사람들도, 그 인근에 사는 사람들도 병으로 쓰러지기 시작했다.

의학 지식도 없고 물품도 부족한 상황에서도 수녀들은 죽어 가는 사람들을 조금이나마 편안하게 해 주기 위해서 최선을 다했다. 그러나 이내 수녀들 또한 병에 걸려 죽어 나갔다. 베아타 수녀는 가장 초반에 목숨을 잃은 수녀 중 한 사람이었다.

선교회 사무실에서는 선교회장인 마르셀라 수녀가 단파 무전기 위로 몸을 굽히고 바깥세상에 도움을 호소하는 교신을 거듭하여 보냈다. 열병은 빠른 속도로 번져 나갔고, 열병에 걸린 사람은 젊은이든 늙은이든 건강한 사람이든 허약한 사람이든 예외 없이 목숨을 잃었다.

수녀들에게도, 슬퍼하는 유족들에게도, 두려움에 질린 마을 사람들에게도 너무나 많은 의문이 남았다. 이 무시무시한 병을 일으키는 원인은 무엇일까? 왜 하필 이 마을에 열병이 퍼지게 된 것일까? 이 병은 어떻게 퍼져 나가고 있는 것일까? 살아남은 사람들은 어떻게 해야 이 살인적인 병마로부터 자신을 지켜 낼 수 있을까?

물음표 모양의 바이러스

10월 1일이 되었다. 얌부쿠 마을에 전염병이 유행한 지 3주째에 접어들고 있었다. 이미 100명이 넘는 사람들이 목숨을 잃었다. 마르셀라 수녀의 전

언을 들은 킨샤사(자이르의 수도)의 의사들은 헬리콥터를 타고 마을을 찾아와 환자의 혈액 표본을 채취한 다음 서둘러 전염병 유행 지역에서 벗어나 안전한 바깥세상으로 돌아갔다.

마르셀라 수녀는 선교회의 정문을 사슬로 묶어 잠그라고 지시한 다음 남아 있던 환자들을 모두 집으로 돌려보냈다. 살아남은 수녀들만으로는 병들고 죽어 가는 이들을 보살피기에 역부족이라고 판단했기 때문이다. 남은 수녀들은 교회당에 모여 기도를 하며 죽음을 기다렸다.

진료소가 문을 닫자 환자들은 이웃 마을로 옮겨져 친지들의 보살핌을 받았다. 이는 전염병이 그 지역 전체로 퍼져 나가는 결과를 초래했다. 마을 장로들은 사람들에게 외출을 삼가라고 경고했다. 학교와 상점이 모두 문을 닫았고 각종 모임도 취소되었다. 사람들은 나무를 쓰러트려 도로를 봉쇄했다. 전염병이 유행하는 지역은 거의 하룻밤 사이에 유령 마을처럼 변해 버렸다.

하지만 도움의 손길이 다가오고 있었다. 킨샤사의 의사들이 채취한 혈액 표본은 지구 반대편으로 날아갔고, 유럽과 북아메리카 곳곳에 흩어진 연구소에서는 과학자들이 두려움과 흥분에 휩싸여 현미경을 들여다보고 있었다. 이들은 한 번도 본 적 없는 새로운 바이러스를 보고 있었다.

벨기에의 프린스 레오폴드 열대의학연구소에서 미생물학을 연구하던 스물일곱 살의 페터 피오트(Peter Piot) 박사는 현미경의 대물렌즈를 통해 이 새로운 바이러스를 최초로 들여다본 사람 중 하나였다. 그는 곧 이 수수께끼투성이의 미생물이 아주 치명적이라는 사실을 알아냈다. 실험실의 쥐에게 이 바이러스를 극소량 주사했더니 쥐가 며칠 만에 죽어 버린 것이다. 자이르의 의사들은 이 새로운 병이 황열병과 어떤 식으로든 관계가 있을 거라 추측했지만 항체 검사 결과는 모두 음성이었다. 채찍처럼 둥글게 구부러진 이 미생물의 꼬리는 피오트에게 마치 물음표처럼 보였다. 이 물음표는 박사를 비롯한 과학자들을 비웃고 있는 듯했다.

연구소장이 피오트에게 세계보건기구가 여러 나라의 과학자들로 구성된 연구진을 자이르에 파견할 예정이라는 이야기를 꺼냈을 때 피오트는 그 연구진에 합류하게 해 달라고 부탁하지 않았다. 그는 자신이 벨기에 대표로 연구진에 반드시 참여해야 한다고 강력하게 요구했다. 피오트는 이 치명적인 바이러스를 둘러싼 수수께끼의 해답을 찾아내고야 말겠다고 굳게 마음먹었다.

추적에 나서다

며칠 후 킨샤사로 향하는 비행기에 오른 피오트는 자신이 도대체 무슨 일에 뛰어든 것인지 고민하기 시작했다. 그의 옆자리에 앉은, 자이르에 주재하는 벨기에 외교관이라는 유력 인사는 이 젊은 박사가 아프리카로 향하는 이유를 전해 듣고 분통을 터트렸다.

"이런 말도 안 되는 일이! 이렇게 무시무시한 병이 창궐하고 있는데 고작 찾아낸 인물이 당신이란 말이오? 도대체 나이가 몇 살입니까? 스물일곱? 아니, 경험도 전혀 없고 이제 막 박사가 된 참이잖소. 아프리카에 가는 것도 이번이 처음이 아니오!"

택시를 타고 킨샤사 시내를 달리는 동안에도 박사는 점점 무겁게 어깨를 짓누르는 불안감을 좀처럼 떨쳐 버릴 수가 없었다. 어딜 보아도 온통 사람들로 북적였다. 끈적하게 달라붙는 열기와 습기 때문에 숨 쉬기조차 어려울 지경이었다. 쓰레기에 파묻힐 듯한 거리는 무질서하게 달리는 차들로 꽉 막혀 있었다. 피오트르는 벨기에 바깥으로 나온 것이 처음인데다 이 도시처럼 낯선 장소에 온 것도 처음이었다. 이런 임무에 지원하

미생물을 소개합니다

"조심해. 독한 감기에 걸렸거든. 바이러스가 옮을지도 몰라."

누구나 이런 말을 한 번쯤 들어봤을 것이다. 그런데 여기에서 바이러스란 정확하게 무엇을 말하는 걸까?

바이러스는 미생물, 즉 단세포생물의 일종이다. 미생물은 지구에 존재하는 생물 중 가장 오래되고 가장 수가 많은 생명의 형태로서, 인간이 생명을 유지하는 데 없어서는 안 될 중요한 역할을 맡고 있다.

미생물이 없다면 우리는 음식을 소화하고, 숨을 쉬고, 배설물을 내보내는 등 생명을 유지하는 데 꼭 필요한 여러 활동을 할 수 없게 될 것이다. 하지만 이토록 유익한 역할을 하고 있음에도 미생물에 대한 평판은 좋지만은 않다. 헤아릴 수 없을 정도로 종류가 많은 미생물 중에는 사람에게 질병을 일으키는 것들도 있기 때문이다. 특히 에볼라 같은 바이러스의 경우 사람의 목숨까지 빼앗을 수 있다.

바이러스는 온갖 종류의 미생물 중에서도 크기가 가장 작고, 가장 이상한 미생물이다. 심지어 과학자들은 엄격한 의미에서 바이러스를 살아 있는 생물이라 볼 수 있는가 하는 문제에 대해서도 의견을 모으지 못하고 있다. 바이러스는 숙주 세포와 접촉하기 전까지는 생명이 없는 DNA 뭉치에 지나지 않는다. 그러나 일단 세포와 접촉하고 나면 갑자기 생명을 얻어 활동을 시작하며, 우리 몸의 세포를 강탈해 자신이 번식하는 데 사용한다. 일반적인 감기와 에이즈, 에볼라 등은 바이러스로 일어나는 병들이다. 바이러스성 질환에서 나타나는 여러 증상(기침, 구토, 설사 등)은 바이러스가 새로운 숙주로 퍼져 나갈 수 있도록 돕는 수단이다.

다니, 터무니없이 어리석은 짓을 저지른 건 아닐까?

급하게 소집된 연구진이 알고 있는 사실은 단 하나였다. 바로 정보가 부족하다는 것이었다. 연구진은 전염병 유행의 중심지인 얌부쿠 마을에 정찰조를 파견해야 했다. 정찰조는 이 재난의 규모를 파악하고 병이 퍼진 지역의 상태를 확인한 다음, 가능하다면 병이 유행하기 시작한 원인을 찾아내고 어떤 방식으로 전염되는지를 알아내야 했다. 정찰조는 전염병학적 조사에 착수할 수 있을 만큼의 충분한 정보를 나흘 안에 수집해야만 했다. 누가 이 정찰조에 지원할 것인가.

질문이 채 끝나기도 전에 피오트가 손을 들었다.

단서를 수집하다

"으아아아아!"

숨이 막히고 목이 메었다. 목구멍이 타는 듯했다. 피오트를 둥글게 둘러싸고 있던 남자들이 일제히 웃음을 터트렸다. 눈물이 멈추자마자 피오트도 웃음을 터트렸다. 피오트는 아라크주(酒)를 처음으로 맛본 참이었다. 아라크주는 집에서 빚는 독주로, 자이르의 시골 사람들이 즐겨 마시는 술이다. 피오트는 목구멍을 태우는 듯한 이 독주를 마을 장로들과 나누어 마시는 일이 전염병 유행에 관한 정보를 수집하는 데 있어 중요한 단계라는 사실을 배워 나가고 있었다.

피오트는 그날 아침 일찍 얌부쿠에서 가장 가까운 마을인 얄리콘데에 도착했다. 지프차에서 내리자마자 그는 마을을 무겁게 내리누르고 있는 정적과 마주했다. 마을 광장에서 뛰어 노는 아이들도 보이지 않았고 오두막 문 밖에 서서 잡담을 나누는 어른도 눈에 띄지 않았다. 문을 연 가게도 없었다. 얼마간의 시간이 흐른 뒤에야 사람들은 이 외국인 의사와 이야기를 하기 위해 집 밖으로 모습을 드러냈다.

남자들에게 아라크주가 한 잔씩 돌아가고 나자 마을 장로는 이 마을에서 얼마나 많은 사람이 병으로 죽어 나갔는지, 그게 언제였는지 이야기하기 시작했다. 장로는 피오트르를 병든 환자가 누워 있는 오두막으로 데리고 갔다. 그곳에서 피오트르는 처음으로 이 병에 걸린 환자의 고통을 목격했다. 그는 두려움을 느끼는 한편 벨기에의 실험실에서는 한 번도 느껴본 적 없는 색다른 보람을 느꼈다. 피오트르는 환자의 혈액 표본을 채취하고 가족과 면담을 하면서 사망자의 이름과 사망 시기, 다른 환자들과의 관계를 꼼꼼히 기록했다.

얄리콘데에서 있었던 일은 그날에만 열 곳이 넘는 마을 광장에서, 다음 며칠 동안은 마흔 곳이 넘는 마을 광장에서 그대로 반복되었다. 정찰조는 얌부쿠 마을에서 차로 갈 수 있는 마을을 전부 방문한 다음, 지금까지 이 병으로 사망한 사람이 200명이 넘는다는 사실과 병에 감염된 환자가 아직도 남아 있다는 사실을 확인했다.

꼬리를 무는 의문들

세계보건기구가 파견한 연구진은 매일 밤 얌부쿠 선교회에 마련된 본부로 돌아와 자신들이 수집한 자료와 기록을 공유했다. 얼마 지나지 않아 과학자들은 감염자의 수를 지역별, 연령별, 성별, 보고된 사망 일시별로 구분하여 도표를 그릴 수 있을 만큼 충분한 정보를 수집했다. 다행히도, 도표에 따르면 최악의 시기는 이미 지나간 것처럼 보였다.

정찰조는 이 지역에서 전면 조사에 필요한 정보를 수집하는 임무를 착실하게 수행하고 있었다. 그러나 페터 피오트 박사는 낙담했다. 그는 그토록 자신을 괴롭혀 온 질문에 대한 답을 찾고 싶었다. 이 병은 도대체 어떤 방식으로 전염되는 것일까? 마발로 로켈라의 병이 그토록 삽시간에 마을 전체로 확산된 원인은 무엇일까? 이 바이러스는 대체 어디에서 나타난 것일까?

그러던 어느 날 피오트는 차를 몰고 야모틸리모케라는 근처 마을로 향했다. 마을 장로들은 피오트를 환영했고, 마을 사람들은 곧 벨기에와 아프리카 축구 선수들의 강점과 약점을 주제로 활기찬 토론을 시작했다. 그는 저녁 내내 자리를 지키며 이야기를 나누었고, 이튿날 저녁에도 이 마을을 다시 찾았다. 낮 동안에 수행하는 체계적인 자료 수집과는 달리 이런 대화를 나누는 동안에는 어떤 기록도 남기지 않았다. 피오트는 단지 사람들의 이야기에 귀를 기울이면서 이 지역의 문화와 관습에 관한 단편적인 정보를 이어 맞추고 있었다. 이런 방식이 병의 유행을 막는 데 어떤 식으로 도움이 될지는 확신할 수 없었지만 피오트는 이곳 사람들을 도우려면 이들을 좀 더 잘 이해할 필요가 있음을 알고 있었다.

피오트의 직감이 옳았다는 것이 곧 증명되었다. 어느 날 저녁, 이야기는 가장 최근에 사망한 열병 환자의 장례 준비로 옮겨 갔다. 남자들의 이야기에 귀를 기울이는 동안 피오트는 장례식을 치를 때마다 새로 병에 감염되는 사람들이 많아지는 이유를 알 수 있었다. 이 지역의 장례 관습에 따르면 고인의 가족들은 고인의 유해를 맨손으로 씻은 다음 매장하기 전 꼬박 하룻밤을 유해 옆에 앉아 지새워야 했다. 이런 관습을 따를 경우 고인의 가족이 사망한 열병 환자의 감염된 혈액이나 체액에 접촉할 기회가 생길 수밖에 없었다. 피오트르는 당장 마을 장로들에게 열병으로 사망한 사람은 전통적인 방식으로 장례를 치러선 안 된다고 충고했다.

정찰조가 수집한 자료를 되짚어보던 피오트르는 무언가 염려스러운 점을 발견했다. 이상하게도 젊은 여성의 감염 비율이 비정상적일 만큼 높았다. 일반적으로 전염병이 유행하는 경우 노인과 영유아, 즉 병에 맞서 싸울 체력을 비축하지 못한 연령대에서 사망자가 가장 많이 나올 것으로 예측한다. 그러나 이 병의 경우 가장 취약한 집단은 18~25세의 젊은 여성들이었다. 젊은 여성 사망자의 수가 젊은 남성 사망자 수의 두 배를 훌쩍 뛰어넘었다. 이 현상을 어떻게 설명할 것인가.

피오트르는 얌부쿠 마을의 선교회가 진료소 문을 닫기 전 마을에서 벌인 활동에 관해서 전해 들었던 이야기를 떠올렸다. 선교회는 인력도 부족하고 기본적인 도구와 약품밖에 없는 열악한 상황에서도 이 지역에 사는 수천 명에게 꼭 필요한 의료 행위를 베풀었다고 했다. 그 의료 행위에는 출산을 앞둔 임부를 위한 산전 관리도 포함되어 있었다. 피오트르는 진료소에서 산전 관리를 받은 임부의 대부분이 18~25세 사이일 것이라고 확신했다.

선교회의 활동이 이 끔찍한 전염병의 유행과 어떤 식으로든 연관돼 있

질적 연구

페터 피오트르는 자이르에 도착했을 때 전염병학자로서 정식 교육을 받지 않은 상태였다. 그 당시에는 정식으로 전염병학 교육을 받은 사람을 찾아보기 어려 웠다. 1976년만 해도 조지아주 애틀랜타에 본부를 둔 미국 질병관리본부와 같은 국제적으로 공인된 몇몇 기관을 제외하고는 전염병학을 전문으로 하는 연구소 또한 몇 군데 되지 않았다. 즉, 당시 과학자들은 현장에서 일을 하며 전염병학을 배워야만 했다.

자이르에 파견된 피오트르를 비롯한 연구진은 환자의 혈액 표본을 채취하고, 전염병이 창궐한 지역의 지도를 상세하게 그리고, 환자들에게 같은 질문을 계 속해서 던지면서 얻은 모든 정보를 기록했다. 하지만 피오트르는 '얼마나 많은 가'의 문제를 다루는 양적 연구(얼마나 많은 사람이 열병 환자와 접촉했고, 접촉한 사 람 중 몇 명이나 병에 감염되었는지를 조사하는 방식)의 접근 방식에 더해 '왜'의 문제 를 덧붙여 조사해야 한다고 생각했다. 연구진에게는 '왜'의 접근 방식이 필요 했다. 왜 어떤 사람은 병에 걸리고 어떤 사람은 병에 걸리지 않는 것일까? 이 질문에 대한 답을 얻기 위해 연구진은 마을 사람들과 시간을 보내면서 그들의 일상생활을 시시콜콜하게 알아야 했다. 이런 종류의 접근 방식을 질적 연구라 고 한다.

을 가능성이 있을까? 피오트는 자신의 눈으로 직접 진료소를 살펴봐야 겠다고 생각했다.

바이러스의 정체를 밝혀라

의사는 환자가 바이러스에 감염되었다고 판단하면 그 환자의 피를 뽑아 실험실로 보낸다. 그리고 실험실의 과학자는 바이러스의 종류를 파악하여 확진을 내린다. 그렇다면 실험실에서는 어떻게 바이러스의 종류를 알아내는 것일까? 실험실의 과학자들은 어떤 방식으로 우리 몸이 아픈 원인을 밝혀내는 것일까?

오늘날 과학자들은 어떤 바이러스의 정체를 파악하고자 할 때 여러 가지 방법 중 하나를 선택할 수 있다. 그중 가장 오래된 방법으로는 1900년대 초에 개발된 바이러스 '배양' 법이 있다. 바이러스를 배양하기 위해 과학자들은 감염된 혈액이나 조직 표본의 일부를 바이러스가 자랄 수 있는 세포, 즉 배지(培地)에 넣는다. 바이러스가 성장하면 배지에는 현미경으로 관찰할 수 있는 변화가 일어난다. 과학자들은 이 변화를 관찰하여 바이러스의 정체를 판단한다.

1890년 독일의 과학자 로베르트 코흐는 감염성이 있는 어떤 생물(이를테면 바이러스 같은)이 특정 질환을 일으키는 원인이라는 가설을 증명하기 위해서 과학자들이 따라야 할 네 가지 지침을 제안했다. 오늘날까지 사용되고 있는 이 지침은 '코흐의 원칙(Koch's Postulates)'이라 알려져 있다. 코흐의 원칙에 따르면 과학자들은 어떤 바이러스가 특정 질환을 일으키는 원인이라고 결론짓기 전 다음 네 가지 질문에 반드시 '그렇다'라고 답할 수 있어야 한다.

(1) 그 생물이 특정 질환에 걸린 사람에게서 발견되고 질환에 걸리지 않은 사람에게서는 발견되지 않는가?

(2) 그 생물을 특정 질환에 걸린 사람에게서 채취한 혈액 또는 조직 표본에서 배양할 수 있는가?

(3) 그 생물을 건강한 사람에게 주입했을 때 그 사람이 같은 질환을 일으키는가?

(4) 같은 질환을 일으킨 사람에게서 채취한 혈액 또는 조직 표본에서 그 생물을 배양할 수 있는가?

안타까운 진실

마르셀라 수녀의 안내를 받아 진료소의 빈 진찰실을 둘러보던 피오트는 수녀에게 젊은 여성 사망자가 비정상적일 정도로 많다는 이야기를 꺼냈다. 그리고 마발로 로쿀라가 병에 걸린 시점을 전후로 임부들의 산전 관리를 할 때 무언가 이상한 점은 없었는지 물었다.

마르셀라 수녀는 선교회 앞뜰이 사람들로 북적이던 그 행복한 시절을 떠올리며 빙그레 미소를 지었다. 수녀는 자랑스러운 말투로 진료소의 산전 관리 서비스가 얼마나 훌륭했는지 이야기했다. 특히 일주일에 한 번씩 놓아 주던 비타민 주사는 아주 인기가 많았다고 말했다. 이 지역의 모든 임신한 여성은 진료소를 방문하기만 하면 비타민 B_{12} 주사를 맞을 수 있었다.

피오트는 점점 커지는 불안감을 안고 진료소의 모든 약품과 의료 장비를 보관하고 있는 조제실을 보여 달라고 요청했다. 박사는 그 작고 횅댕그렁한 방에 있는 찬장과 서랍장을 하나씩 열어 보았다. 박사는 수녀에게 몸을 돌리며 물었다.

"수녀님, 진료소를 모두 살펴보았는데도 주사기가 다섯 개밖에 없네요. 다섯 개밖에 안 되는 주사기로 어떻게 그 많은 사람한테 주사를 놓았습니까?"

마르셀라 수녀는 당연한 일을 왜 묻느냐는 표정으로 매일 아침 주사기를 소독했다고 대답했다. 그리고 그 주사기로 진료소에 치료를 받으러 오는 환자들에게 계속해서(중간중간에 물로 재빨리 헹구어 주면서) 주사를 놓았다고 했다. 경비가 부족해서 주사기나 주삿바늘을 많이 비축해 둘 여유가 없었다고, 마르셀라 수녀는 덧붙였다.

피오트는 마발로 로켈라에게 클로로퀸을 주사한 수녀가 소독하지 않은 그 주삿바늘로 의도치 않게 온 마을의 임부들에게 병을 퍼트렸음을 깨닫고 공포에 사로잡혔다. 바로 여기에 피오트가 그토록 찾아 헤매던 연결 고리가 있었다. 사람들이 도움을 청하러 갔던 진료소가 바로 병을 퍼트린 주범이었던 것이다.

피오트는 킨샤사에서 검사를 해 보기 위해 조심스러운 손길로 주사기 두 개를 챙겨 넣으면서 슬픈 마음으로 생각했다.

'두 개의 주사기 모두 바이러스에 감염되어 있을 게 뻔해.'

정찰조가 도달한 결론은 옳은 것으로 증명되었다. 열병이 널리 퍼져 나간 원인은 바로 사람들이 소독하지 않은 주삿바늘로 주사를 맞았기 때문이었으며, 선교회 진료소와 열병 환자의 장례식을 통해 감염된 환자와 접촉했기 때문이었다. 마지막으로 감염된 환자가 11월 5일 사망한 이후 이곳에서는 더 이상 환자가 보고되지 않았다. 세계보건기구에서 파견한 국제 연구진은 그 이후 몇 달 동안 자이르에 머물면서 이 비밀투성이 질병에 대해 가능한 한 많은 정보를 수집했다. 이 병은 근처의 강 이름을 따서 '에볼라(Ebola)'라고 불리기 시작했다.

오늘날의 에볼라

과학자들은 마침내 에볼라 바이러스가 필로바이러스(filovirus)의 일종이라는 사실을 밝혀냈다. 에볼라 바이러스는 지금까지 발견된 단 두 종의 필

에볼라 바이러스는 어디에서 온 걸까?

페터 피오트의 연구진은 애초에 마발로 로켈라가 어떻게 에볼라 바이러스와 접촉하게 된 것인지는 밝혀내지 못했다. 그러나 오늘날 우리는 이 병이 에볼라 바이러스에 감염된 동물과 접촉하는 경우에 전염된다는 사실을 알고 있다.

에볼라 바이러스는 아프리카에 서식하는 고릴라와 침팬지에게서 발견된다. 과학자들은 에볼라가 유행한 사례들 중 적어도 몇몇 경우 페이션트 제로는 그 지방의 사냥꾼이거나 사냥꾼에게 감염된 고기를 구입한 손님일 것으로 추측하고 있다.

고릴라는 에볼라 바이러스의 보유 숙주가 아니다(보유 숙주란 사람들 사이에서 에볼라가 유행하지 않는 시기에 바이러스를 보유하고 있는 생물을 말한다). 에볼라에 감염된 고릴라는 사람만큼이나 빠른 속도로 사망에 이르기 때문이다. 아직 확실하게 밝혀진 것은 아니지만 지금까지 알아낸 여러 가지 근거에 따르면 아프리카에 서식하는 과일박쥐가 에볼라 바이러스의 보유 숙주인 것으로 추정된다. 과일박쥐는 사람과의 직접적인 접촉을 통해 바이러스를 전염시키기도 하고 다른 동물을 통해 간접적으로 바이러스를 옮기기도 하는 것으로 보인다.

에볼라 유행을 예방하는 데 있어 가장 중요한 일은 바이러스가 동물에서 사람에게 옮을 가능성을 낮추는 것이다. 특히 야생동물의 고기를 먹는 일을 피해야 한다. 이는 아주 단순한 해결책처럼 들리지만 실제로는 그렇지 않다. 아프리카에서 에볼라 유행이 계속 일어날 수밖에 없는 몇 가지 이유가 있다.

사라지는 숲: 벌목과 경작이 계속되면서 점점 더 많은 사람이 이전에 야생이었던 지역으로 내몰려 야생동물과 접촉할 기회가 많아지고 있다.

전쟁: 전쟁을 피해 도망친 난민들은 식량이 부족해 야생동물을 먹을 수밖에 없는 경우가 많다.

기후 변화: 동물의 서식지가 변하면서 일부 동물은 사람의 거주 지역 가까이로 이동하기도 한다.

빈곤: 아프리카 일부 지역에는 병원과 의사가 충분치 않다.

177

로바이러스 중 하나다. 바이러스의 한 과(科)인 필로바이러스는 사람에게 극히 치명적인 병을 일으키는 바이러스다. 지금까지 알려진 필로바이러스는 에볼라 바이러스와 마르부르크(Marburg) 바이러스로, 모두 출혈성 열병(환자가 심각하게 피를 흘리게 되는 병)을 일으킨다. 에볼라에 감염된 환자는 88

핫 존

전 세계의 모든 미생물 연구소는 미생물의 안전성 정도를 나타내는 생물안전도 (Biosafety Level)에 따라 분류된다. 생물안전도에는 총 네 개의 등급이 있다.

1등급(BL1) 연구소에서는 질병을 일으키지 않는 미생물만을 연구할 수 있다. 2등급 (BL2) 연구소에서는 증세가 가벼운 병을 일으키는 미생물만을 연구한다. 3등급(BL3) 연구소에서는 심각한 증세를 일으키지만 이미 치료법이나 백신이 개발되어 있는 질병의 병원균을 연구한다. 그리고 오직 4등급(BL4) 연구소에서만 인체에 치명적이고 전염성이 높으며 치료법도 없는 질병의 원인이 되는 미생물을 연구할 수 있다(우리나라에 있는 미생물 연구소의 최고 등급은 3등급이다-편집자).

생명을 위협하는 미생물 연구가 가능한 4등급 연구소가 되려면 '핫 존(hot zone)'을 설치해야 한다. 핫 존이란 따로 떨어진 건물, 또는 연구소 내부에서도 주의 깊게 관리하는 구역에 설치된 격리 공간을 말한다. 연구원은 핫 존에 들어가기 전에 온몸을 뒤덮는 특수 작업복을 입어야 하며 그 위에 기밀 구조로 튼튼하게 만든 밝은 파란색의 방호복을 착용해야 한다. 이 방호복에는 쳄투리온(Chemturion)이라는 호흡 기구가 장착되어 있다. 그리고 핫 존을 드나드는 연구원은 혹시 남아 있을지 모를 병원균의 흔적을 모두 없애기 위해서 반드시 오염 제거 샤워실과 진공실, 자외선실을 통과해야 한다.

4등급 연구소는 전 세계를 통틀어 50개에 불과하며 그중 열다섯 개는 미국에 있다. 캐나다에도 한 곳이 있는데 바로 매니토바주의 위니펙에 위치한 국립미생물연구소(The National Microbiology Lab)이다. 2012년에 바로 이 연구소에서 과학자들은 에볼라를 치료할 가능성이 있는 시험적인 치료 약을 개발해 냈다. 여러 약물을 혼합하여 만든 이 치료 약은 에볼라에 걸린 원숭이를 치료하는 데 효과를 보였다.

퍼센트가 사망에 이르기 때문에 에볼라는 지구상에서 가장 치사율이 높은 질병 중 하나로 손꼽힌다. 얌부쿠 마을에서 에볼라가 유행했을 당시 318명이 감염되었고 그중 280명이 사망했다.

얌부쿠 마을에 에볼라가 유행한 이후로도 아프리카를 비롯한 세계 곳곳에서 에볼라는 몇 차례에 걸쳐 모습을 나타냈다. 1977~2020년 에볼라는 세계적으로 스물아홉 차례에 걸쳐 발생했으며 그중 세 차례는 미국에서 발생했다.

미국에서 에볼라가 발생한 것은 버지니아주와 텍사스주에 있는 연구 시설에서였다. 필리핀에서 수입한 원숭이로부터 병이 퍼져 나간 것이다. 직원 네 명이 사고로 원숭이에게 물렸고 혈액 검사 결과 네 사람 모두에게 에볼라 항체가 형성된 것으로 나타났다(에볼라 항체란 에볼라 바이러스에 대항하여 우리 몸의 면역계에서 만들어 내는 단백질을 말한다). 그러나 원숭이들 대부분이 에볼라에 걸려 죽어 가는 중에도 이들 직원에게는 아무런 증상이 나타나지 않았다. 사람에게는 해를 끼치지 않는 이 특정 종류의 에볼라 바이러스는, 이 바이러스가 최초로 발견된 버지니아주의 도시 이름을 따서 '에볼라레스턴(Ebola-Reston)'이라 불리게 되었다.

지금까지 에볼라에 걸려 사망한 사람의 수는 약 1,500명 정도로 그리 많다고 볼 수는 없지만 에볼라가 사람들의 상상력에 미친 충격은 어마어마했다(2014년 6월 기준). 에볼라가 처음으로 등장한 1976년 당시 의학계는 백신과 항생제 같은 강력한 무기로 무장하고 질병과의 전쟁에서 승리를 거두고 있는 듯 보였다. 그러나 에볼라의 등장으로 사람들은 질병을 일으키는 바이러스와 세균의 종류가 얼마나 방대하며 그 수가 얼마나 많은지

나라를 구한 여성

2013년 1월 기니에서 시작된 역사상 가장 큰 에볼라 유행은 시에라리온, 라이베리아, 나이지리아 같은 주변 나라로 퍼져 나갔다. 그리고 이곳에서 에볼라 바이러스는 여동생을 방문하러 라이베리아를 찾은 패트릭 소여(Patrick Sawyer)라는 라이베리아계 미국인을 덮쳤다. 패트릭 소여의 여동생은 에볼라로 사망한 최초의 환자들 가운데 한 사람이었다. 소여는 미국 미네소타주에 있는 집으로 돌아가기 위해 필사적으로 노력했지만 결국 돌아가지 못했다.

소여는 나이지리아의 라고스 공항에서 쓰러졌고 병원으로 실려 갔다. 고열에 시달리고 몸을 부들부들 떨면서도 비행기를 타고 집으로 돌아갈 수 있도록 퇴원시켜 달라고 요구했다. 그날 당직 의사인 스텔라 아다데보(Stella Adadevoh)는 소여의 증상을 보고 깜짝 놀랐다.

"병동을 폐쇄하세요."

"마스크를 쓰세요. 장갑을 끼세요. 우리 모두 그렇게 해야 합니다."

박사는 명령을 내리고 보건 당국에 병원에 에볼라 환자가 있다고 보고했다.

아다데보 박사가 자신을 퇴원시켜 주지 않으리라는 사실을 알게 되자 패트릭 소여는 주삿바늘을 팔에서 뽑아 버리고는 바닥에 피를 흩뿌리며 병원에서 탈출하려고 했다. 이틀 뒤 소여가 숨을 거둘 무렵, 아다데보 박사는 에볼라에 걸려 사경을 헤매고 있었다. 마찬가지로 소여와 접촉한 열아홉 명의 병원 직원들 또한 에볼라에 감염되었다. 결국 박사는 숨을 거두었고, 소여와 접촉한 뒤 에볼라에 감염되어 사망한 여덟 명중 한 사람이 되었다. 박사의 재빠른 판단이 아니었다면 에볼라 바이러스는 나이지리아에서 가장 큰 도시인 라고스의 2,100만 명의 사람들 사이에 퍼져 나갔을지도 모른다. 또한 박사는 소여의 목적지인 미국을 에볼라의 위험에서 구해낸 것일지도 모른다. 박사는 소여와 다른 의사와 간호사 들에게 "더 큰 공익을 위해서"라고 말하며 자신의 목숨을 위험에 내걸었다.

2014년 세계보건기구는 나이지리아가 에볼라에서 안전하다고 발표했다. 하지만 그 후 2년 동안 나이지리아 주변 나라들에서 에볼라가 날뛰며 유행했다. 2만 8,000명이 에볼라에 감염되었고, 그중 1만 1,000명이 목숨을 잃었다. 지금도 아프리카에서는 에볼라가 계속해서 발생하고 있다.

를 생각해 보게 되었다. 과학자와 의사 들에게는 질병과 맞서 싸우기 위해 배워야 할 것들이 아직도 많이 남아 있었던 것이다.

사건 수사에 나선 동물 질병 탐정

2014년 3월 23일, 세계보건기구는 아프리카 기니에서 에볼라가 유행하기 시작했다고 발표했다. 그로부터 일주일 후 파비안 린데르츠(Fabian Leendertz)는 조사단과 함께 기니로 향했다. 야생동물 전염병학자인 린데르츠는 동물 개체군에 발생하는 질병을 전문으로 연구하는 과학자다.

지금까지 사람에게 전염되는 에볼라 발생은 다른 동물 개체군에 일어난 에볼라 유행과 연관되어 있었다. 이를테면 고릴라나 침팬지, 다이커라 불리는 영양 같은 동물들이다. 에볼라 바이러스는 사냥꾼이 감염된 동물을 사냥하거나 도축업자가 감염된 동물을 도살할 때 전염되기 마련이다. 하지만 기니의 멜리안두 마을에서 처음으로 에볼라 증상을 보이며 숨을 거둔 사람은 두 살짜리 아기 에밀(Emile)과 그의 어머니, 할머니, 누나였다. 이런 사실은 이번에는 에볼라 바이러스가 사람들의 거주지 근처에 집을 짓고 사는 몸집이 작은 동물로부터 전염되었을 것이라는 단서가 되어 주었다. 바로 박쥐다.

린데르츠는 바이러스를 보유하고 있으면서도 자신은 병에 걸리지 않는 박쥐들이 존재한다는 사실을 이미 알고 있었다. 그중에는 기니의 숲에 사는 과일박쥐도 있었다. 만약 에볼라가 박쥐에게서 전염되었다는 사실을 증명할 수 있다면 이 지역에 사는 사람들에게 이 동물을 멀리하라고 경고할 수 있을 터였다. 그러면 에볼라가 더 크게 번져 나가는 것을 막을 수 있을 것이었다.

린데르츠는 4주 동안 멜리안두 마을 주변의 숲을 조사하고 박쥐를 여러 마리 포획하여 검사해 보았지만 에볼라에 감염된 박쥐를 찾아내지 못했다. 그 무렵 린데르츠는 에밀과 그의 가족이 살던 집 근처에 속이 빈 나무가 있었다는 흥미로운 이야기를 마을 사람에게 전해 들었다. 박쥐가 집을 짓고 살았다는 그 나무는 조사단이 도착하기 얼마 전 마을 사람들 손에 불태워졌다. 린데르츠는 에밀이 그 나무 속에서 놀다가 박쥐에게 물렸거나 박쥐 배설물을 통해 감염되었을지도 모른다고 추측했다.

박쥐와의 연결 고리

아프리카나 오스트레일리아, 남아시아에서 저녁 산책을 나서면 밤하늘을 펄럭거리며 날아가는 예상치 못한 동물을 목격할 수도 있다. 하늘 높이 솟은 고층 건물과 아파트를 피해 날아오르는 박쥐다. 부드러운 털로 덮인 이 포유동물은 대부분 도시에 새로 들어온 신입 거주민이다. 그리고 박쥐는 자신의 선택으로 도시까지 오게 된 것이 아니다. 어떤 박쥐들은 그들이 집으로 삼던 숲이 사람들이 마을과 농장을 만들면서 사라져 버린 탓에 도시로 올 수밖에 없었다. 또 어떤 박쥐들은 기후 변화로 먹이가 사라져 버려 먹이를 찾아 숲을 버리고 인간 거주지 근처에 둥지를 틀수밖에 없었다.

오늘날 전 세계에 걸쳐 박쥐와 사람은 과거 그 어느 때보다 가깝게 붙어 살고 있으며, 도시에 사는 박쥐의 수는 점점 증가하고 있다. 이는 박쥐에게도 안 좋은 소식이지만 또한 사람에게도 큰 문제가 된다. 박쥐는 그 독특한 신체 구조와 유전 구조 때문에 바이러스를 실어 나르기에 이상적인 매개 동물이 될 수 있기 때문이다.

바이러스는 박쥐를 병에 걸리게 하지 않지만 바이러스를 보유한 박쥐가 다른 동물들에게 바이러스를 퍼트리고 다닌다면 치명적인 결과를 초래할 수 있다. 에볼라는 박쥐에 의해 전염되는 대표적인 바이러스다. 박쥐는 고릴라, 침팬지, 인간에게 에볼라 유행을 일으킨다. 사스와 코로나19를 일으킨 코로나바이러스 또한 박쥐에 의해 사람에게 전파되었을 가능성이 있다.

동물 전염병학자들은 사람 사이에서 전파되는 새로운 전염병이 나타

좀비!

최근에 재미있게 본 영화가 있는가? 혹시 전염병이 유행해 지구가 파멸하는 영화를 본 적이 있는가? 이런 유의 영화는 마음대로 골라 볼 수도 있을 만큼 그 수가 많은데, 요즘은 그중에서도 비밀스럽고 무시무시한 전염병을 다룬 영화들이 인기를 끌고 있다.

사람들이 병에 걸려 좀비가 되는 영화는 특히 더 인기가 많다. 어떤 이들은 에볼라가 등장한 이후 사람들이 좀비의 존재에 매혹을 느끼게 되었다고 주장한다. 좀비는, 그리고 좀비라는 개념은 이미 수백 년 전부터 민간에 전하는 전설에 등장해 왔다. 그럼에도 요즘 들어 새삼 좀비가 주목받는 것은 에볼라 같은 병에 대한 두려움 때문인지도 모른다. 좀비가 습격하듯 에볼라 바이러스가 세계를 휩쓸어 세상의 종말을 불러올지도 모른다는 두려움 말이다.

나지 않도록 하기 위해서는 우리가 공중보건에 대한 생태학적 접근 방식을 채택해야 한다고 주장한다. 바로 기후 양상과 야생동물의 건강, 사람 사이의 연관성을 고려하는 접근 방식이다.

우리가 생태계를 교란할 때 야생동물 사이에 존재하는 병원체가 사람에게 전파될 가능성이 커진다. 20세기 중반부터 전 세계 인구는 크게 증가했고, 지구의 기후는 점점 따뜻해지고 있다. 이상 기후로 강우량이 크게 변화하면서 야생동물들이 먹이를 제대로 구하지 못하는 경우가 늘어나고 있다. 먹이를 찾기 위해 서식지를 옮기면서 야생동물들은 다른 동물 종이나 사람과 한층 가깝게 접촉하게 된다. 환경 과학자들은 이런 현상이 동물 종 사이에 바이러스 교환이 증가하는 결과로 이어질 수 있으며, 또 다른 바이러스가 동물에서 인간에게 전염될 가능성을 높인다고 경고한다.

에볼라가 걸어온 길

과학자들은 기상 위성의 자료를 이용하여 2014년 서아프리카에서 에볼라를 유행시킨 환경 조건의 퍼즐을 다음과 같이 완성했다.

기나긴 가뭄이 몇 주 동안 이어진 비로 끝이 났다. 마침내 기니의 도시와 마을 주변의 농장과 과수원에 열매가 가득 맺혔다. 잘 익은 과일 향기가 배고픈 동물들을 숲 밖으로 이끌었다. 유인원과 박쥐 들은 나무 아래 한데 모여 잔치를 벌였다. 과일박쥐는 먹이를 지저분하게 먹는 동물로, 반쯤 먹다 남긴 과일을 바닥에 이리저리 흩어 놓았다. 바닥에 떨어진 과일 조각을 먹은 유인원은 과일에 묻은 박쥐의 침이나 배설물을 통해 병원균을 섭취했을 것이다. 그리고 바이러스가 유인원 사이에서 유행하기 시작하자 사냥을 하는 사람들을 통해 사람에게 전파되었을 가능성이 크다.

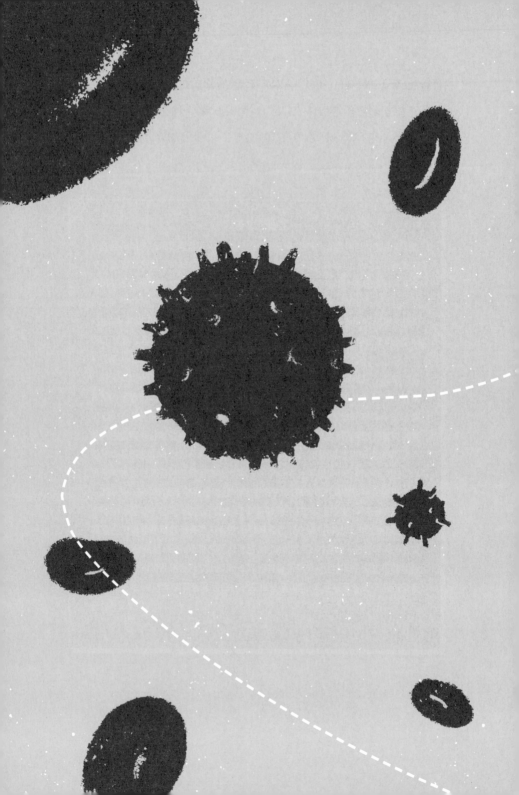

7

진실을 캐고
편견을 깨다

1980년 미국의 에이즈

처음 에이즈에 걸린 이들이
성 소수자였기 때문에 많은 사람들이
성 소수자와 에이즈를 무조건 기피했다.
하지만 사회 각계각층의 어느 누구라도
에이즈에 감염될 수 있다는 사실이
밝혀지면서 의식이 바뀌었고
정부와 언론도 앞으로 나서 에이즈 위기에
대한 대응책을 마련하기 시작했다.

-본문에서

마이클(Michael)은 한숨을 쉬고는 그나마 편안한 자세를 찾기 위해 자리에서 몸을 이리저리 뒤척였다. 다리를 꼬았다가 풀어 보기도 하고, 몸을 돌려도 앉아 보고, 몸을 비틀었다가 다시 자리에 푹 눌러 앉으며 좌석 뒷부분에 머리를 기대었다. 그러다 안정을 찾지 못하고 다시 몸을 똑바로 일으켰다. 그래봐야 아무 소용이 없었다. 이 바람도 안 통하는 답답한 방 안에서 딱딱한 플라스틱 의자에 앉아 있은 지 벌써 몇 시간째였다. 지긋지긋한 기분이었다. 게다가 진찰하는 속도로 봐서는 여기 로스앤젤레스(Los Angeles, L.A.)의 응급실 대기실에 앉아 꼬박 밤을 지새워야 할 판이었다.

마이클은 주위를 둘러보았다. 대기실에서 기다리고 있는 사람들의 얼굴은 그가 처음 응급실에 들어온 뒤로 거의 바뀌지 않았다. 나이 든 중국인 남자가 그르렁거리며 기침을 하고 있었고, 한구석에는 근심 어린 표정을 한 젊은 부부가 울어 대는 아기를 안고 앉아 있었다. 그 부부 옆으로는 손에 피 묻은 붕대를 감고 있는 젊은 흑인 남자가 있었고, 두 자리 건너에는 혼잣말을 중얼거리며 화가 난 듯 몸을 흔들고 있는 여자가 있었다. 모두 피곤하고 어두운 표정들이었다. 몇 년 전 큰 결심을 하고 L.A.로 이사 올 당시에 꿈꾸었던 화려하고 부유한 세상과는 전혀 거리가 멀었다.

심란하고 쓸쓸한 기분으로 마이클은 L.A.로 이사 온 것이 과연 잘한 일이었는지 생각해 보았다. 자신이 정말 이 거대한 익명의 도시에 속하는 사람일까? 고향 마을에서는 몸이 조금이라도 안 좋으면 언제라도 주치의를 찾아가 면밀한 검사를 받을 수 있었다.

마이클은 자신이 합리적인 이유로 L.A에 왔다는 사실을 되새겼다. 첫 번째 이유로 그는 모델로서 성공하기를 꿈꾸며 지금껏 살아왔다. 이는 그 작은 고향 마을에서는 절대 이룰 수 없는 꿈이었다. 두 번째로 마이클은 성 소수자(LGBTQ+, 여성 동성애자Lesbian, 남성 동성애자Gay, 양성애자Bisexual, 성전환자Transgender, 성 소수자Queer 또는 성 정체성에 대해 의문을 품고 있는 사람Questioning의 약자로, 모든 종류의 성 소수자를 의미한다. 마지막의 +는 앞의 어느 범주에도 속하지 않는 다른 성 정체성을 가진 이들을 의미한다-옮긴이)였다. 그는 자신이 자신답게 있을 수 있는 곳, 자신의 진정한 감정을 숨기거나 꾸미지 않으며 살아갈 수 있는 곳에서 살고자 했다.

1980년대에 성 소수자로 살아가는 일은 쉽지 않았다. 당시에는 그들을 지지하는 사람들과 교제할 만한 곳이 많지 않았다. 그러나 L.A에서 마이클은 자신과 같은 사람들을 만날 수 있었다. 마이클처럼 미국 곳곳의 시골 마을을 떠나 대도시로 찾아온 젊은 성 소수자들이었다. 이들은 모두 자신을 이해해 주지도, 인정해 주지도 않는 가족과 친구 들을 버리고 고향을 떠나는 모험을 감수한 사람들이었다. 마이클은 L.A.에서 친구들을 사귀고 자신을 위한 새로운 인생을 시작한 참이었다.

"마이클, 여기 마이클 씨 계신가요?"

피곤하고 지겨운 표정으로 클립보드를 들고 있는 간호사가 자신의 이름을 부르는 걸 듣고 나서야 마이클은 멍한 기분을 떨쳐 내고 정신을 차렸다.

"네, 여기 있습니다! 지금 가요."

플라스틱 의자에서 몸을 일으키던 마이클은 어찌나 어지럽고 기운이 없던지 깜짝 놀라고 말았다. 간호사는 휙 소리를 내며 커튼을 열어젖히고 첫 번째 진찰실로 마이클을 안내한 뒤 높다란 병원 침대의 가장자리에 앉으라고 손짓했다. 마이클이 침대에 앉자 간호사는 다시 커튼을 친 다음 어디론가 사라져 버렸다. 얇은 초록색 커튼 뒤에서 "선생님이 곧 보러 오실 거예요."라는 말만 들려왔다.

마이클은 또다시 오랫동안 기다리게 될 거라 생각하고 있었다. 그러나 그리 오래지 않아 다시 커튼이 획 하며 열리더니 하얀 가운을 입은 레지던트(전문의가 되기 위해 수련 중인 의사)가 모습을 드러냈다. 마이클이 자신의 증상을 설명하는 동안 레지던트는 주의 깊게 귀를 기울이고 무언가를 받아 적으며 고개를 끄덕였다. 마이클은 벌써 몇 주 동안이나 계속해서 목이 아파 음식을 삼키기가 어려웠을 뿐만 아니라 기운이 없고 피곤하며 열이 나고 몸무게가 걷잡을 수 없이 계속 줄어든다고 말했다. 마이클은 침울한 말투로 농담을 했다.

"살이 너무 빠져서 모델 일을 할 수도 없을 지경이에요. 모델을 하기에 너무 마르다니, 이런 일은 아마도 제가 처음일 겁니다."

레지던트는 무언가를 받아 적던 손을 멈추고 윤곽이 뚜렷한 광대뼈에 밝고 푸른 눈동자를 지닌, 금발 머리를 짧게 자른 이 환자를 자세히 살펴보기 시작했다. 팔다리가 수척하고 눈 밑에는 짙은 그늘이 드리워져 있으며 호흡이 몹시 힘겨워 보였다. 이 모든 증상은 이 젊은 환자가 지금 얼마나 고통에 시달리고 있는지 말해 주고 있었다. 레지던트는 입술을 꽉 다물었다.

"좀 더 기다릴 수 있으시다면 다른 의사를 불러 환자분을 진찰하고 싶습니다. 그는 전문가예요. 어쩌면 검사를 몇 가지 해야 할지도 모릅니다."

마이클 고틀립(Michael Gottlieb)의 책상 어딘가에서 전화벨이 울려 댔다. 하지만 전화기는 보이지 않았다. 연구 보고서와 의학 관련 서류, 강의 노트가 뒤섞인 서류 더미를 미친 듯이 파헤치던 고틀립의 손이 전화기를 간신히 찾아냈다. 그는 종이 뭉치 사이에 있던 수화기를 집어 들자마자 소리쳤다.

"여보세요, 고틀립입니다."

마이클 고틀립이 L.A.의 캘리포니아 대학에서 면역학 조교수로 일한 지 네 달이 되어 가고 있었다. 고틀립은 아직 제대로 된 서류 정리 방법을 마련하지는 못했지만 자신이 가르치는 학생들에게 눈을 크게 뜨고 희귀 질환 증상을 보이는 환자를 찾아내라고 말해 놓은 상태였다. 그렇기 때문에 1980년 12월 늦은 저녁 전화벨이 울렸을 때 고틀립은 이 전화가 흥미로운 환자의 등장을 알리는 전화일지도 모른다고 생각했다. 어쩌면 의대생들에게 면역학(질병과 맞서 싸우는 신체의 면역계를 연구하는 학문)을 가르칠 때 이 환자의 증상을 면역 질환의 사례로 들 수 있을지도 몰랐다. 전화 반대편에서 레지던트가 하는 이야기를 듣자마자 고틀립은 바로 일어나 응급실로 달려갔다.

마이클을 진찰한 고틀립은 목이 아픈 원인이 심각한 구강칸디다증 때문이라는 사실을 알아냈다. 아구창(鵝口瘡)이라고도 하는 구강칸디다증은 칸디다 알비칸스(Candida albicans)라는 곰팡이가 입안에 크게 증식하면서 발병하는 입과 목, 혀의 감염증이다. 아직 면역계가 완성되지 않은 영아나 화학요법으로 면역계가 약해진 암환자가 아구창에 걸린 경우라면 고틀립은 전혀 놀라지 않았을 것이다. 하지만 도대체 어떻게 마이클이 아구창에 걸리게 된 것일까? 마이클은 건강에 문제가 없어 보이는 젊은 청년이고 면역계에 이상이 있다는 병력도 없었다. 그리고 체중이 계속 감소하는 까닭은 무엇일까? 체중 감소가 이 까닭 모를 감염증과 어떤 식으로든 관계가 있을까?

고틀립은 마이클에게 흥미를 느끼는 한편 걱정스러운 마음이 들었다. 마이클이 몇 주 동안이나 계속해서 피곤함을 느끼고 원인을 알 수 없는 열에 시달렸다는 이야기를 듣는 동안 고틀립의 불안감은 점점 커져만 갔다. 그는 마이클을 입원시키고 병의 원인을 찾아보기로 결정했다. 고틀립 박사는 훗날 이렇게 회고했다.

"정말 충격적이고 놀라운 병이었다. 마이클의 병세는 아주 심각했다. 건강했던 사람이 갑자기 그토록 아픈 상태로 병원을 찾는 건 확실히 정상적인 일은 아니었다. 마이클의 병세는 우리가 알고 있던 어떤 질병, 어떤 증후군과도 들어맞지 않았다."

첫 단계로 고틀립 박사는 마이클의 피를 검사해 보기로 했다. 그리고 피 검사 결과가 박사의 책상 위에 도착했을 때 박사는 마이클에게 가서 이야기를 해야겠다고 마음먹었다.

마이클은 불과 며칠 전 응급실에서 고틀립과 처음 만났을 때보다 한층 야위고 핼쑥해진 모습으로 누워 있었다. 고틀립은 침대 옆에 자리를 잡고 앉아 불안감을 감추기 위해 애써 미소를 지었다.

"마이클, 검사 결과에서 이상한 점이 발견되었습니다. 백혈구 수치가 아주 낮아요. 그게 무슨 뜻인지 아십니까?"

마이클은 진지한 표정의 젊은 의사를 차분한 눈길로 바라보면서 농담을 하려 했다.

"백혈구가 없다는 말씀이신가요? 글쎄요, 제가 100퍼센트 순혈의 미국인 남자라는 뜻이 아닐까요?"

고틀립은 마이클의 농담에 웃음을 터트렸다.

"물론 그렇지요. 그건 확실합니다. 하지만 마이클, 문제는 이렇습니다. 우리 몸을 군대라고 보면 백혈구는 전진 부대라고 할 수 있습니다. 우리 몸에 침입한 적을 찾아내 무찌르죠. 백혈구는 우리 몸이 병에 걸리지 않도록 막아 주는 역할을 합니다. 이 백혈구가 없으면 우리 몸의 면역계는 제 기능을 다하지 못합니다. 그래서 지금 마이클에게 아구창 증상이 이토록 심하게 나타나는 겁니다. 마이클의 몸이 마땅히 그래야 하는 만큼 자신을 지키지 못하고 있기 때문이에요. 왜 면역계에 이런 문제가 생겼는지 그 원인을 밝혀내지 못한다면 앞으로 더 많은 병에 걸릴 위험이 있습니다."

고틀립이 이야기하는 동안 침대보를 내려다보고 있던 마이클이 고개를 끄덕였다. 고틀립은 말을 이었다.

"지금까지 이 병은 수수께끼처럼 보입니다. 하지만 나는 수수께끼를 좋아해요. 이 수수께끼도 답을 찾아내고야 말 겁니다."

나쁜 소식

고틀립 박사는 아구창을 치료할 항생제를 처방했고, 마이클은 몸을 추스르기 위해 퇴원하여 집으로 돌아갔다. 그러나 몇 주일 후 마이클은 다시 응급실에 나타났다. 이번에는 전보다 더 심하게 앓고 있었다. 고틀립이 예상한 대로 마이클의 쇠약해진 면역계를 뚫고 새로운 질병이 침입한 것이다. 고틀립은 마이클이 폐렴에 걸렸다고 진단했다. 귀를 기울이는 일 외에 아무것도 할 수 없을 만큼 너무나 쇠약해진 마이클은 미동도 없이 누워 의사가 전하는 나쁜 소식을 듣기만 했다.

"마이클, 당신은 주폐포자충 폐렴에 걸렸습니다. 아주 희귀한 병이죠. 그리고 거대세포바이러스(Cytomegalovirus), 즉 CMV 감염증이라고 하는 또 다른 병에도 걸렸습니다. 계속 피곤하고 기운이 없는 것은 바로 이 CMV 감염증 때문이죠. 이 두 가지 병 모두 우리가 기회감염이라 부르는 병들입니다. 일반적으로 건강한 사람에게는 위협이 되지 않는 바이러스예요. 지금 마이클은 면역계가 너무 약해져서 이 바이러스의 공격을 받게 된 것입니다."

마지막으로 젊은 의사는 실토했다.

"우리는 아직 이렇게 된 원인을 밝혀내지 못하고 있습니다."

경향이 드러나다

몇 주일 후 마이클은 숨을 거두었다. 고틀립은 이 수수께끼의 해답에 한 걸음도 다가서지 못했지만 계속해서 해답을 찾아보기로 마음먹었다.

한편 도시 반대편에서는 또 다른 의사 한 명이 이해할 수 없는 일련의 증상을 보이는 환자와 마주하고 있었다. 조엘 와이즈먼(Joel Weisman)

박사는 성 소수자였기에 노스할리우드에 위치한 그의 병원을 찾는 환자 중에는 성 소수자가 많았다. 최근 와이즈먼을 찾아온, 역시 성 소수자인 한 젊은 남성은 피로감이 도통 가시질 않는다고 호소했다. 이 환자는 림프절이 부어오르고 열이 나고 체중이 계속 줄어들어 불과 두어 달 사이에 14킬로그램이 빠지는 증상을 보였다. 하루하루가 지날수록 환자의 병세는 점점 더 심해졌지만 와이즈먼은 그 원인을 알아낼 수 없었다. 그는 면역학자에게 자문을 구하기로 결심하고 마이클 고틀립에게 전화를 걸었다.

와이즈먼이 자신의 환자에 대해 설명하는 내내 고틀립의 머릿속에는 오직 한 가지밖에 떠오르지 않았다.

'마이클!'

이 새로운 젊은 환자의 피를 검사해 보니 아니나 다를까, 마이클과 마찬가지로 CMV 감염증에 걸렸으며 백혈구 수치가 아주 낮은 것으로 나타났다. 얼마 지나지 않아 이 환자는 마이클처럼 주폐포자충 폐렴에 걸렸고 오래지 않아 숨을 거두고 말았다.

이렇게 비슷한 원인으로 두 환자가 사망한 일을 단순히 우연의 일치로만 볼 수 있을까? 고틀립은 그렇게 생각하지 않았고, 그의 직감은 맞아떨어졌다. 두 번째 환자가 사망한 지 3주가 지났을 무렵 고틀립은 똑같은 증상을 보이는 세 번째 환자가 L.A.의 병원에 입원했다는 소식을 전해 들었다. 이 환자는 이전 두 환자의 복제라고 할 수 있을 정도로 똑같은 증상을 보였다. CMV 감염증과 폐렴에 걸렸으며 백혈구 수치가 낮았다. 어떤 경향이 나타나고 있는 것이 분명했다. 이 세 환자는 면역계가 심각할 정도로 망가졌다는 것을 제외하면 모두 건강한 젊은이였다. 또한 이들은 모두 성 소수자라는 공통점이 있었다. 고틀립과 와이즈먼은 근심에 휩싸였다. 도대체 무슨 이유로 이 젊은이들이 병들게 된 것일까? 그 원인이 무엇이든 간에 치명적이라는 것만은 분명했다.

고틀립은 캘리포니아주의 다른 병원과 의사 들에게 연락을 취해 최근 CMV 감염증이나 주폐포자충 폐렴에 걸린 환자를 본 적이 있는지 문의하기 시작했다. 산타바바라의 한 병원에서 그런 환자가 있었다는 소식과 함께 그 환자의 기록을 보내주었다. 산타바바라의 환자 또한 성 소수자였다는 기록을 보는 순간 고틀립은 수수께끼의 조각들이 제자리를 찾아가는 듯한 느낌을 받았다.

고틀립은 의대 시절부터 만난 오랜 친구에게 연락해 보기로 했다. 웨인 샨데라(Wayne Shandera) 박사는 전염병정보국(Epidemic Intelligence Service, EIS)에 소속된 L.A. 전염병 관리 요원으로, 애틀랜타의 질병관리본부에서 훈련을 받은 뒤 L.A에서 전염병 감시원으로 일하고 있었다.

샨데라를 만난 고틀립은 지난 몇 주일 동안 일어난 일에 대해 이야기했다. 샨데라는 L.A에 젊은 남자들을 병들게 하는 무언가가 있다는 소식을 전혀 듣지 못했기 때문에 이 환자들의 사망이 단순한 우연의 일치에 지나지 않을 것이라 생각했다. 그러나 바로 다음 날 아침, 샨데라의 책상 위로 L.A. 인근 산타모니카에서 주폐포자충 폐렴 진단을 받은 환자가 있다는 보고서가 올라왔다. 샨데라 박사는 직접 차를 몰고 산타모니카로 갔다.

산타모니카의 병원에서 샨데라는 폐렴 진단을 받은 환자가 면역계 질환의 병력이 없는 스물아홉 살의 남자이며 성 소수자라는 사실을 알아냈다. 추가 검사를 통해 이 환자 역시 CMV 감염증에 걸렸다는 사실이 밝혀지자 산데라는 고틀립에게 전화를 걸어 자신이 방금 다섯 번째 환자를 발견했다고 전했다. 고틀립은 훗날 이렇게 회고했다.

"등골이 오싹해지는 기분이었다. 얼마 안 되는 정보만으로도 산데라는 바로 환자를 찾아낼 수 있었던 것이다."

두 의사는 자신들이 어떤 병이 유행하기 시작한 초기 단계를 목격하고 있다고 생각했다. 이 병은 단지 이 지역에서만 유행하는 것일까? 미국 내 다른 곳에서도 이미 유행하고 있는 건 아닐까?

이 의문에 대한 답을 찾기 위해 두 사람은 미국 전역의 의사들에게 L.A에서 발생한 일을 알려 줄 필요가 있었다. 1981년 6월 두 의사는 마이클을 포함하여 자신들이 발견한 환자들에 대해 간략하게 설명하는 글을 〈이환율과 사망률 주간 보고서(The Morbidity and Mortality Weekly Report)〉에 발표했다. 의사들 사이에 〈MMWR〉이라는 약자로 알려진 이 학술지는 미국 질병관리본부에서 발간하는 의학 학술지다. 얼마 지나지 않아 애틀랜타에 있는 질병관리본부의 전화기는 뉴욕, 뉴저지, 샌프란시스코의 의사들한테서 걸려오는 전화로 바쁘게 울려 댔다.

한 달 만에 질병관리본부는 미국 전체에 걸쳐 주폐포자층 폐렴에 걸린 젊은이가 열다섯 명이나 있음을 알게 되었다. 또한 카포지육종이라는 희귀한 피부암에 걸린 젊은 남자가 스물여섯 명 있다는 소식도 전해졌다. 카포지육종 역시 면역계가 약해졌을 때 걸리기 쉬운 병 중의 하나였다. 이 환자들은 전부 성 소수자였다.

전염병정보국

웨인 샨데라 박사가 훗날 에이즈(Acquired Immune Deficiency Syndrome, AIDS, 후천성 면역 결핍 증후군)라 불리는 이 병에 최초로 감염된 다섯 명의 환자에 대한 기사를 썼을 때 박사는 '질병 탐정'으로서 훈련을 받고 있던 중이었다. 샨데라 박사가 L.A.에 있었던 건 전염병정보국 프로그램에 참여했기 때문이었다. 이는 의사를 비롯한 의학 전문가와 과학자를 고도로 숙련된 의학 탐정으로 키워 내는 2년짜리 훈련 프로그램으로, 오늘날에도 질병관리본부 산하에서 운영되고 있다. 전염병정보국은 말하자면 의학계의 중앙정보국(CIA)인 셈이다. 다만 전염병정보국 요원들이 추적하는 적은 바로 미생물이다.

매년 미국에서 가장 우수한 의학, 과학 분야의 대학원생 80명이 전염병정보국에 들어간다. 2년 동안 이들은 24시간 경계 태세를 갖추고 병의 발생 소식이 들리는 즉시 가장 최근에 병이 발생한 위험 지역으로 떠날 만반의 준비를 하고 있어야 한다. 전염병정보국의 상징은 세계지도 위에 놓인 구멍 뚫린 신발이다. 이 상징은 존 스노가 개척한 뒤 오늘날까지도 전염병학자들이 따르고 있는 '가죽 구두 전염병학'을 의미한다. 이는 병이 유행한 지역을 직접 방문하여 집집마다 다니면서 병의 확산을 막는 데 필요한 정보를 수집하는 방법이다. 다만 전염병정보국 직원들은 걸어만 다니지는 않는다. 이들은 자신이 가야 할 필요가 있는 곳에 가기 위해서는 갖은 수단과 방법을 가리지 않는다. 필요하면 헬리콥터나 통나무배, 개썰매, 낙타, 심지어 코끼리를 타는 일도 기꺼이 감수한다.

오늘날에는 36개국에 전염병정보국과 같은 프로그램이 존재하며 더 많은 나라에서 개발 중에 있다. 전염병정보국의 전염병학자들은 에이즈의 정체를 밝히려는 싸움의 최전선에서 활약한 것 외에도 레지오넬로시스병을 규명하고, 천연두를 퇴치하고, 콜레라 치료에 효과적인 약을 개발하고, 라임병이 진드기에 물려 감염된다는 사실을 증명하는 등 수없이 많은 업적을 남겼다.

1981년 여름을 지나 가을이 올 때까지 질병관리본부에는 이유 없이 체중이 감소하거나 희귀한 유형의 결핵, 좀처럼 보기 드문 종류의 암에 걸린 남자들에 대한 소식이 계속해서 날아들었다. 뉴욕이나 샌프란시스코처럼 성 소수자 사회가 크게 형성되어 있던 대도시에 '게이 암(gay cancer)'이라 불리는 치명적인 신종 질병에 대한 소문이 퍼져 나가면서 사람들이 공포에 사로잡히기 시작했다.

의사들 또한 겁에 질렸고 사람들을 도울 수 없다는 무력감에 시달렸다. 도나 밀드번(Donna Mildvan) 박사는 1981년 카포지육종으로 죽어 가던 서른세 살의 환자를 치료하려고 필사적으로 애쓰던 일을 기억한다.

"우리는 몇 가지 약을 써 봤지만 모두 아무 소용이 없었습니다. 어떻게 서른세 살밖에 안 된 환자를 죽게 할 수 있습니까? 정말 괴로웠지요."

질병관리본부의 전염병학자들은 이 병이 도대체 어떻게 퍼져 나가는 것인지 전혀 감을 잡지 못했다. 이 병은 성관계로 전염되는 것일까? 아니면 음식이나 약을 통해 전염되는 것일까? 독감이나 감기처럼 환자와의 접촉으로 전염되는 것일까? 아무도 답을 찾지 못했고, 사람들은 계속해서 죽어 나갔다.

수수께끼의 답을 찾아

지금까지 나타난 환자들은 모두 성 소수자 남자였다. 하지만 성 소수자 남자라고 해서 모두 병에 걸린 것은 아니었다. 그렇다면 병에 걸린 사람과 걸리지 않은 사람을 가르는 결정적 요인은 무엇이었을까? 질병관리본부의 연구원들은 이를 알아내기 위해 사례조절연구를 실행하기로 했다. 사례조절연구란 '조절 대상군', 즉 환자 집단과 공통점이 많지만 병에는 걸리지 않은 건강한 사람들의 집단과 환자 집단을 서로 비교하는 연구를 말한다. L.A.와 뉴욕, 샌프란시스코에서 180명의 남성들이 이 연구에 지원했다. 연구원들은 누가 병에 걸리고 누가 병에 걸리지 않는지를 결정하는 요인을 찾아내기 위해 지원자들의 일상생활과 건강 상태, 그 배경을 속속들이 조사했다.

그러나 이 사례조절연구가 완료되기도 전에 성 소수자 남성만 이 병에 걸리는 것은 아니라는 사실이 확실해졌다. 면역계가 쇠약해져 기회감염에 걸린 다른 부류의 환자들에 대한 보고가 질병관리본부에 들어오기 시작한 것이다. 새롭게 등장한 환자들 중에는 혈우병 환자들이 있었다. 혈우병은 피가 응고하지 않는 희귀 질환으로, 이 병에 걸린 환자는 살짝 베이거나 긁히기만 해도 상처에서 피가 걷잡을 수 없이 흘러나올 수 있기 때문에 피가 정상적으로 응고하게 만들기 위해 자주 수혈을 받거나 혈액제제를 투여받아야 한다.

새롭게 등장한 또 다른 환자 중에는 헤로인처럼 혈관으로 주사하는 불법적인 마약에 손을 대는 사람들도 있었다. 이렇게 마약을 하는 이들이 종종 주사기를 같이 쓴다는 사실을 알고 있던 의사들은, 이 사실을 바탕으로 새롭게 등장한 환자 집단이 어떻게 감염되었는지를 설명할 수 있을지도 모른다고 생각했다.

모든 근거로 미루어 볼 때 이 바이러스는 체액, 즉 혈액과 정액을 통해 전염되는 듯 보였다. 질병관리본부의 연구원들은 이 질병이 전 세계로 퍼져 나갈 수 있다는 사실을 알았다. 누구라도 이 병에 감염될 수 있었다. 그러나 의사들은 여전히 이 병의 치료법을 찾아내지 못하고 있었다.

이름 없는 전염병

1981년 말 미국에서 이 새로운 병에 걸린 것으로 확인된 환자는 모두 270명이었다. 그중 121명이 목숨을 잃었다. 1982년 초에는 유럽의 몇몇 나라에서도 이 병에 걸린 환자가 보고되기 시작했다.

한편 아프리카에 위치한 우간다의 의사들은 미국 의사들의 보고가 자신들이 진료하고 있는, 그 지역에서 '슬림(slim)'이라고 부르는 병과 관련이 있다는 사실을 알아차렸다. 슬림은 체중이 심각할 정도로 줄어들며 여러 감염증과 희귀한 종류의 암을 일으키는 치명적인 병이었다. 아프리카의 '슬림'과 미국의 '게이 암'이 같은 병이라는 사실이 밝혀지는 데는 그리 오랜 시간이 걸리지 않았다. 의사들은 이 새로운 질병이 이미 세계적으로 유행한다는 사실을 알아차리기 시작했다.

하지만 그때까지도 의사나 미국에 사는 성 소수자 남성이 아니면 이 무시무시한 신종 질환이 전 세계적으로 유행한다는 사실을 알 수 없었다. 어느 대형 TV 방송국도 이 질병에 대해 보도하지 않았기 때문이다. NBC 방송국의 〈나이틀리 뉴스(Nightly News)〉에 성 소수자 남성들이 걸리는 '치명적인 신종 질환'에 대한 소식이 처음으로 소개된 것은 1982년 6월 17일의 일이었다. 〈뉴욕 타임스〉에 오늘날 에이즈라 불리는 질병에 대한 표지 기사가 게재된 것은 최초의 보도 이후 1년이 지난 후인 1983년 5월의 일이었다. 이 무렵 에이즈 유행은 거의 2년 가까이 계속되고 있었다. 당시 미국에서 에이즈 진단을 받은 환자는 1,400명이 넘었으며 그중 500명 이상이 목숨을 잃었다.

1980년대 당시의 언론은 성 소수자 남성과 마약 상용자에게만 발생하

퍼즐의 조각들

1981년 미국 질병관리본부에서 일하는 전염병학자 메리 기넌(Mary Guinan)과 해럴드 재프(Harold Jaffe)는 집집마다 문을 두드리고 다니면서 1세기도 더 전에 존 스노가 한 것처럼 이 새롭고 정체를 알 수 없는 병을 앓고 있는 사람들에게 질문하기 시작했다. 두 사람은 전국을 누비고 다니면서 병실을 방문했고 환자들 사이에 연관성을 증명할 수 있는 요인, 또는 이 병을 일으키는 원인을 규명할 수 있는 요인에 대해 온갖 질문을 던졌다. 두 사람은 미국에서 이 병에 걸린 환자들의 4분의 3 이상과 이야기를 나누었다.

두 사람은 환자들에게 무엇을 먹었는지, 최근 여행을 다녀온 적이 있는지, 무슨 종류의 일을 하는지 질문했다. 반려동물이 있는가? 암에 대한 가족력이 있는가? 베트남 전쟁에 참가한 적이 있는가? 화학 무기에 노출되었을 가능성이 있는가? 두 사람은 병을 일으킬 만한 가능성을 하나씩 지워 나갔다.

두 사람은 이 새로운 질병이 B형 간염(바이러스 감염으로 일어나는 간 질환)과 똑같은 방식으로 전염되는 것이 아닌가 의심하기 시작했다. B형 간염은 성관계나 주삿바늘을 공유하는 일을 통해 전염된다. 그 밖에도 사람들이 B형 간염에 걸릴 수 있는 세 번째 경로가 존재했다. 그리고 두 사람은 그들이 이야기를 나눈 환자 가운데 아직까지 그 경로를 통해 병에 걸린 사람을 만나 보지 못했다. 그 세 번째 방식은 바로 수혈을 통한 감염이다. 만약 이 새로운 질병이 체액을 통해 전염된다고 한다면 헌혈 후 보관한 혈액을 통해 이 병이 나타나야 할 것이었다. 오래지 않아 두 사람은 해답을 얻었다. 혈액은행에서 수혈을 받은 한 혈우병 환자에게 이 새로운 병의 증상이 나타난 것이다.

는 듯 보이는 이 질병에 대해 보도하는 일을 불편하게 여겼을지도 모른다. 또는 그저 별로 중요하지 않은 소식이라고 판단했을지도 모른다. 그 이유야 어찌되었든 성 소수자의 권익을 위해 활동하던 이들은 에이즈에 대한 이야기를 대중에게 알려야 한다고 생각했다. 이들은 에이즈에 대한

변화를 촉구하는 외침

오늘날 전 세계의 수많은 나라에서(캐나다와 유럽의 몇몇 나라와 미국의 일부 주에서) 성 소수자는 다른 사람과 다름없이 결혼을 하고 자녀를 키우며 가족을 꾸릴 수 있다. 그러므로 지금으로부터 30~40년 전에는 상황이 얼마나 달랐는지 상상하기 어려울지도 모른다. 1970년대 말~1980년대 초까지만 해도 성 소수자들은 수없이 많은 차별을 받았다. 당시 미국의 일부 주에는 동성애를 금지하는 법이 있었다. 수많은 성 소수자가 '벽장'에서 나오지 못한 채 자신의 성 정체성을 숨겨야 했다.

하지만 상황은 변하기 시작했다. 1979년 워싱턴 D.C.에 10만 명의 성 소수자들이 모여 행진을 벌였다. 최초의 '게이와 레즈비언의 권리 향상을 위한 전국 행진'이었다. 미국 곳곳의 성 소수자들이 자신을 솔직하게 드러내며 살 자유를 찾아 대도시로 모여 들면서 샌프란시스코나 뉴욕, L.A. 같은 대도시에 성 소수자 사회가 크게 형성되었다. 주 정부는 성적 지향성을 이유로 한 차별을 금지하는 법안을 차례차례 통과시켰다.

그러나 동성애에 대한 사람들의 인식이 바뀌는 데는 법이 제정되는 것보다 오랜 시간이 걸렸다. 그리고 에이즈가 등장한 뒤로 이 치명적인 질병에 대한 두려움 때문에 성 소수자에 대한 반감이 한층 커져 갔다. 하지만 한편으로는 에이즈의 위험을 자각한 점점 더 많은 수의 성 소수자들이 북아메리카를 비롯한 세계 도처에서 자신의 권리를 지키기 위해 일어섰고 정부가 나서 에이즈와 전쟁을 벌여야 한다고 촉구하기 시작했다.

이렇게 헌신적으로 활동한 수많은 성 소수자가 없었다면 일반 대중에게 에이즈를 알리는 캠페인은 등장하지 않았을지도 모른다. 그 결과 에이즈에 대한 연구 지원이 이루어지지 않아 훨씬 더 많은 사람이 에이즈로 사망했을지도 모른다.

정확한 지식을 대중에게 긴급히 알릴 필요성을 강조하기 위해 '침묵=죽음'이라는 표어를 만들어 냈다. 북아메리카 대륙의 수많은 도시와 마을에서(영국과 오스트레일리아, 유럽의 몇몇 나라에서) 보건 운동가들은 에이즈 환자를 돕기 위한 활동을 시작했으며 에이즈 환자를 상담하고 무료로 음식을 나누어 주는 등 일상에 필요한 여러 가지를 지원했다.

미국의 과학자들은 이 새로운 질병을 에이즈라고 부르기로 결정했다. 처음에는 여러 연구진에서 곧 백신을 개발해 낼 것이라 자신했다. 하지만 에이즈 백신을 개발하는 과정은 길고도 험난했으며 지금까지도 끝나지

바이러스를 규명하다

1983년 프랑스 파리의 파스퇴르연구소에서 프랑수아즈 바레시누시(Françoise Barré-Sinoussi)와 뤼크 몽타니에(Luc Montagnier), 장클로드 세르만(Jean-Claude Chermann)이 에이즈를 일으키는 바이러스의 정체를 밝혀냈다. 이 세 명의 프랑스 과학자들은 에이즈 환자의 림프절에서 조직 표본을 채취한 다음 바이러스를 배양하고 전자현미경을 통해 정체를 규명해 냈다.

한편 로버트 갤로(Robert Gallo) 박사가 이끄는 미국의 연구진 또한 거의 비슷한 시기에 HIV의 정체를 규명했고 자신들이 먼저 이 중대한 발견을 해 냈다고 주장했다. 몇년 동안 두 나라는 누가 먼저 바이러스의 정체를 밝혔는지의 문제를 두고 논쟁을 벌였다. 여기에는 이해관계가 얽혀 있었다. 미국 정부에서 HIV의 존재 여부를 확인하여 병을 진단하는 에이즈 검사의 특허를 등록했기 때문이다. 프랑스 연구진이 HIV를 최초로 발견했다는 사실이 증명되면 미국은 특허에서 얻는 수입을 전부 프랑스로 넘겨야만 했다.

1987년 두 나라는 교섭을 거듭한 끝에 특허에서 나오는 수입을 50 대 50으로 나누기로 합의했다. 그로부터 21년 후 프랑스 과학자들은 HIV 발견의 공로를 인정받아 노벨 의학상을 수상했다.

않고 있다. 1987년 미국 정부와 프랑스 정부는 누가 에이즈를 일으키는 바이러스를 최초로 규명했는지의 문제를 두고 언쟁을 벌이다가 결국 이 발견을 공유하기로 합의하고, 이 바이러스에 HIV(Human Immunodeficiency Virus), 즉 인간 면역 결핍 바이러스라는 이름을 붙였다. 바이러스의 정체가 규명된 이후 의사들은 피 검사를 통해서 초기 단계에 에이즈를 진단할 수 있게 되었다.

하지만 1982년 당시 과학자들은 느리지만 조금씩 진전을 보이며 에이즈를 일으키는 원인과 병이 전파되는 양상과 어떤 사람이 에이즈에 걸릴 위험이 가장 큰지에 대해 서서히 알아 가고 있었다. 그리고 에이즈 유행이 확산되는 속도를 늦추기 위해서는 정부와 언론의 도움이 필요했다. 그 도움의 손길이 오기까지는 오랜 시간이 걸렸다.

에이즈는 특정 집단의 사람들, 즉 성 소수자 남성과 약물 사용자 집단에서 처음 나타났다. 이들은 당시 수많은 대중에게 '질이 안 좋은' 사람들, '부도덕한' 사람들로 여겨졌다. 1980년대 초반만 해도 많은 성 소수자들이 자신의 성 정체성을 감추려고 애를 썼다. 그렇게 하지 않으면 폭행을 당하거나 일자리나 집, 가족을 잃게 될지도 모른다는 두려움에 사로잡혀 있었기 때문이다. 그리고 에이즈가 나타나면서 상황은 더욱더 심각해지는 듯 보였다.

성 소수자 집단에 대한 편견 때문에 정부에서는 에이즈 연구를 위한 기금을 지원해 주지 않았다. 언론은 대중의 심기를 거스를까 두려워하며 에이즈 유행에 대한 보도를 제대로 하지 않았다. 질병관리본부는 안전한 성관계를 통해 에이즈를 예방할 수 있는 방법을 가르쳐 주는 지침이 포함된 성 교육 프로그램에 대한 지원을 하지 않기로 결정했다. 미국 정부는 에이즈에 대한 인식을 높이는 교재를 마련하는 데 자금을 지원하지 않았다. 그 교재가 성 소수자들의 '생활 방식'을 장려하게 된다고 걱정했기 때문이다. 이런 태도를 변화시키기 위해 성 소수자들은 스스로 필요한 단체를 조직하고, 이를 지원하고, 기금을 요구하여 생명을 구해야만 한다는 사실을 깨달았다. 그들은 단체를 조직한 뒤 에이즈 환자에게 필요한 의약품을 구매하여 필요한 환자들에게 나누어 주었다. 그들은 정보를 공유하고, 소식지를 발행하고, 시위를 벌였다. 그리고 에이즈로 죽어

용어를 둘러싼 진상

'에이즈'와 'HIV'라는 용어는 일반적으로 함께 사용하지만 이 두 가지 용어에는 중대한 의미의 차이가 있다.

HIV(인간 면역 결핍 바이러스)는 에이즈(후천성 면역 결핍 증후군)라는 병을 일으키는 바이러스를 뜻한다. 우리 몸이 HIV에 감염되면 이 바이러스는 우리 몸의 백혈구 세포를 공격한다. 백혈구 세포 내에서 번식하면서 세포를 파괴한 바이러스는 또 다른 세포로 이동하여 같은 일을 반복하면서 우리 몸의 면역계가 완전히 망가질 때까지 번식을 멈추지 않는다.

에이즈는 HIV 감염증의 마지막 단계로, 면역계가 완전히 '망가져 버려' 몸이 다른 바이러스나 세균을 더 이상 막아 내지 못하는 상태를 말한다. 이 최종 단계로 들어선 환자는 카포지육종이나 주폐포자충 폐렴 같은 기회감염에 걸리기 시작하며 결국에는 사망에 이르게 된다.

오늘날 HIV에 감염된 사람들은 항레트로바이러스 약을 투여받아 바이러스가 몸 안에서 번식해 나가는 속도를 늦출 수 있다. 이런 치료를 통해 HIV 환자나 에이즈 환자는 기회감염을 피하고 건강한 상태를 유지하며 더 오래 살아갈 수 있다.

가는 친구들의 생명을 살리기 위해, 에이즈 연구를 위한 비용을 마련하기 위해 싸웠다.

그리고 마침내 정부와 언론도 앞으로 나서 에이즈 위기에 대한 대응책을 마련하기 시작했다. 이렇게 된 데에는 사회 각계각층, 어느 누구라도 에이즈에 감염될 수 있다는 사실이 명확하게 밝혀진 것이 큰 영향을 미쳤다.

1985년까지 미국에서는 6,800명이 넘는 사람들이 에이즈로 사망했다. 에이즈에 대한 공중보건 상식이 대중에게 널리 알려졌고 안전한 성관계를 장려하는 캠페인이 등장했으며 언론에서도 에이즈 문제를 한층 관심 있게 다루었다. 하지만 에이즈 유행에 따른 사망자는 계속해서 늘어만 갔다. 수혈을 받은 사람들은 에이즈에 감염될 위험에 처해 있었고 어린이를 포함한 수많은 혈우병 환자가 에이즈에 걸렸다. HIV를 보유한 여성이 낳은 아기 또한 에이즈에 걸린 채 태어났다. 해가 지날수록 에이즈의 비극은 점점 깊어져 갈 뿐이었다. 1986년 한 해만 해도 에이즈로 사망한 사람은 1만 2,000명에 달했다. 1988년에는 연간 사망자가 2만 명까지 늘어났다. 1980년대 후반 에이즈는 현대에 들어 가장 많은 희생자를 낸 전염병의 대열에 들어섰다.

에이즈의 미래

1980년대 처음 에이즈가 유행하기 시작한 이래로 HIV에 감염된 사람은 전 세계적으로 7,000만 명에 이른다. 세계보건기구에 따르면 그중 3,500

만 명이 에이즈로 사망했다. 2019년만 해도 새로 HIV에 감염된 사람이 170만 명에 이른다. 2020년에는 전 세계에서 HIV를 가지고 살아가는 3,800만 명의 환자 가운데 2,500만 명이 넘는 이들이 아프리카에 살고 있었다. 2018년에는 아프리카 지역에서 어림잡아 47만 명의 사람들이 에

페이션트 제로는 누구였을까?

1987년 미국 언론인 랜디 쉴츠(Randy Shilts)는 《그리고 밴드는 연주를 계속했다-정치, 사람, 그리고 에이즈 유행》을 출간했다. 이 책은 출간 즉시 베스트셀러가 되었다.

이 책에서 쉴츠는 미국에서 에이즈 유행이 대중의 관심을 받기까지, 그리고 정부와 공중보건 기관이 에이즈 유행을 해결하기 위해 재정 지원을 하기까지 그토록 오랜 시간이 걸린 이유를 분석했다. 하지만 사람들이 이 책에 열광한 진짜 이유는 쉴츠가 다룬 한 인물의 이야기 때문이었다. 바로 가에탕 뒤가(Gaëtan Dugas)라는 남자의 이야기였다. 비행기 승무원으로 근무했던 뒤가는 프랑스인과 캐나다인 사이에서 태어난 혼혈인으로, 가장 초기에 에이즈에 감염된 환자 중 한 사람이었다. 뒤가는 질병관리본부의 사례조절연구에 참여했는데 그 결과 뒤가가 다른 수많은 환자를 잇는 유일한 연결 고리라는 사실이 밝혀졌다. 그는 성관계를 통해 많은 사람에게 HIV를 옮겼던 것이다.

질병관리본부는 뒤가를 '페이션트 제로'로만 규정했지만 이 남자의 이름을 알아낸 쉴츠는 자신의 책에서 뒤가를 "대륙의 반대편으로 에이즈를 전파한 남자"라고 소개했고, <타임>은 '페이션트 제로의 무시무시한 모험담'이라는 제목으로 뒤가의 이야기를 다루었다. 그 결과 별안간 에이즈 유행의 새로운 악당이 탄생했다.

오늘날 우리는 뒤가라는 한 사람 때문에 에이즈가 유행한 것이 아니라는 사실을 알고 있다. 그러나 1980년대 당시 사람들은 도저히 멈출 길 없는 이 무시무시한 전염병 유행을 받아들이기 위해 누군가 책임을 물을 희생양을 찾고 싶어 했다. 뉴욕에 장티푸스가 유행했을 당시 논란이 되었던 장티푸스 메리의 경우와 마찬가지로 사람들은 뒤가라는 페이션트 제로를 무책임한 행동으로 다른 사람에게 병을 옮기고 다니는 악당으로 생각하고 싶었던 것이다.

이즈와 관련된 병으로 목숨을 잃었다. 아프리카에는 성인 스무 명당 한 명꼴로 HIV에 감염된 지역도 있다. 그리고 수백만에 달하는 어린이들이

에이즈라는 오명

1980년대 에이즈가 '신종 전염병'으로 처음 언론에 보도되었을 당시 수많은 사람이 공포에 사로잡혔고, 숱한 헛소문과 잘못된 정보들이 퍼져 나갔다. 에이즈 환자와 입을 맞추면 에이즈가 옮는다는 소문도 있었고, 에이즈 환자와 음식을 나누어 먹거나 같은 잔으로 물을 마시면 전염된다는 이야기도 있었다. 심지어 의료업에 종사하는 사람들조차 에이즈 감염자와 접촉하기를 꺼렸다. 성 소수자는 누구나 에이즈에 감염되었을 것이라고 생각하여 무조건 기피하는 사람들도 있었다. 성 소수자들 자신도 친구들이 하나둘 병에 걸려 쓰러지는 모습을 지켜보면서 두려움에 사로잡혔다. 당시 샌프란시스코에 살던 한 사람은 이렇게 회고한다.

"1980년대가 시작되면서 … 점점 더 많은 사람이 병으로 쓰러져 갔다. 나라와 도시 전체가 두려움에 사로잡혔다. 성 소수자들은 바깥으로 나가지 않기 시작했다. 아무도 병이 어떻게 전염되는지 알지 못했고 사람들은 모두 겁에 질려 있었다."

맨 처음 병에 걸린 이들이 성 소수자였기 때문에 에이즈는 하늘이 내리는 천벌이며 성 소수자의 삶이 부도덕하다는 사실을 보여 주는 증거라고 주장하는 사람들도 있었다. 사람들은 에이즈 환자를 기피했고, 환자들 스스로 에이즈에 걸렸다는 사실을 부끄럽게 생각할 수밖에 없는 분위기가 만들어졌다.

하지만 시간이 흐르면서 누구나(성 소수자나 이성애자나, 노인이나 젊은이나) 에이즈에 걸릴 수 있다는 사실이 밝혀지면서 사람들의 인식 또한 서서히 변하기 시작했다. 수많은 유명 인사와 더불어 영국의 다이애나 왕세자비는 에이즈 환자에 대한 대중의 인식을 바꾸는 데 크게 기여한 인물 중 한 사람으로 손꼽힌다. 그녀는 1980~1990년대에 에이즈 환자를 만나거나 에이즈에 걸린 어린이를 포옹하고 있는 사진들을 공개해 자신이 에이즈 환자를 두려워하지 않음을 대중에게 보여 주었다. 또한 에이즈 환자를 돕는 자선단체를 지원하면서 에이즈에 대한 대중의 인식을 바꾸기 위해 애썼다.

에이즈로 부모를 잃었다.

고아가 된 아이들은 할아버지와 할머니 손에서 자라기도 하지만 조금 큰 아이가 나이 어린 동생들을 돌보며 혼자 힘으로 살아갈 수밖에 없는 경우도 있다. 이런 아이들에게는 음식과 옷가지, 잠잘 곳을 찾는 일조차 엄청나게 고생스러운 일이다. 이 아이들은 학교에 다닐 기회조차 없기 때문에 가난에서 벗어날 방법이 거의 없다.

오늘날 우리는 에이즈가 오직 체액을 통해서만 전염된다는 사실을 알고 있다. 우리는 여러 가지 방법을 통해 에이즈 감염을 예방하고 건강하게 살아갈 수 있다. 콘돔을 사용해 안전한 성관계를 맺는 일은 에이즈를 예방하는 중요한 방법 중 하나다. 주삿바늘을 다른 사람과 같이 쓰지 않는 것 또한 에이즈를 예방하는 방법이다.

오늘날에는 에이즈에 대한 교육과 예방 캠페인 덕분에 수많은 나라에서 HIV에 감염되는 사람들이 훨씬 줄어들었다. 의사들은 HIV 감염 환자들의 면역계를 강화하여 기회감염에 걸리지 않도록 하는 약물 치료법인 고효능 항레트로바이러스 치료요법(Highly Active AntiRetroviral Therapy, HAART)을 개발하기도 했다. 오늘날 아프리카에는 그 어느 때보다도 많은 항레트로바이러스 치료 프로그램이 존재한다. 지난 10년 동안 아프리카의 여러 지역에서 적절한 비용으로 이 치료를 받을 수 있도록 많은 사람이 엄청나게 노력한 덕분이다. 현재 아프리카에서 HIV에 감염된 사람들 가운데 62퍼센트가 항레트로바이러스성 약물 치료를 받고 있다.

하지만 여전히 치료를 받지 않으려고 하는 사람들이 있다. 자신이 HIV 양성이라는 사실을 수치스럽게 생각하기 때문이다. HIV에 감염된 사람들은 차별을 받거나 오명을 뒤집어쓸 수도 있다. 에티오피아에서 시행한 한 설문조사에서는 50퍼센트의 사람들이 HIV 양성으로 알려진 사람에게는 음식을 사지 않을 것이라고 대답했다. 또한 42퍼센트의 사람들은 HIV에 감염된 어린이가 학교에 가서는 안 된다고 생각한다고 대답했다.

과학자들은 코로나19의 범유행이 전 세계 에이즈 환자에게 끔찍한 영향을 미칠지도 모른다고 경고한다. 수많은 나라가 봉쇄에 들어가면서 에이즈 환자에게 필요한 서비스와 물품의 공급이 중단되고 있기 때문이다. 이는 곧 수백만 명의 사람들이 바이러스 활동을 억제하여 그들을 건강하게 유지해 주는 항레트로바이러스 약품을 얻지 못하게 될 수 있음을 의미한다. 그 결과 2021년에는 에이즈로 인한 사망이 50만 건 이상 증가할 가능성이 있다.

비어트리스 한, 에이즈의 근원을 추적하다

에이즈에는 생각지도 못한 반전이 있다. 이 병의 근원을 침팬지의 똥에서 발견하게 되리라고 누가 상상이나 했겠는가? 2006년 미생물학자인 비어트리스 한(Beatrice Hahn) 박사는 앨라배마 대학교에서 자신이 이끄는 연구진이 HIV의 근원을 발견했다고 발표했다. 연구진은 아프리카의 야생 유인원을 감염시키는 바이러스를 발견했고, 이 바이러스에 유인원 면역 결핍 바이러스(Simian Immunodeficiency Virus, SIV)라는 이름을 붙였다.

한 박사는 몇 년 동안 포획한 침팬지들을 연구해 왔고, 이미 그 침팬지들에게서 HIV와 비슷한 바이러스를 찾아냈다. 하지만 HIV가 침팬지에서 유래했다는 자신의 가설을 과학계에서 인정받기 위해서는 이 바이러스가 야생의 침팬지에게도 존재한다는 사실을 증명해야 함을 잘 알고 있었다. 이를 어떻게 증명할 것인가? 박사가 지적한 것처럼 "야생 침팬지에게 도움을 구하는 일은 쉽지 않다. 침팬지는 순순히 자신의 팔을 내밀어 우리가 피를 뽑아 가도록 놔두지 않을 것이다."

그런데 해답은 정글 바닥에 굴러다니고 있었다. 바로 침팬지의 배설물이다.

한 박사와 연구진은 카메룬과 탄자니아의 정글을 뒤지고 다니면서 방금 싸 놓은 신선한 침팬지 똥을 눈에 띄는 대로 모아들여 분석했다. 그리고 이 배설물 표본에서 SIV를 발견했다.

한 박사는 다음과 같은 과정을 통해 SIV가 침팬지에서 인간으로 옮겨 가게 되었다고 추정한다. 이는 '상처 입은 사냥꾼' 가설이라 불린다. 박사는 과거 어느 아프리카 사냥꾼이 침팬지를 사냥하고 도살하다가 실수로 자신의 몸에 상처를 냈을 것이라 추측한다. 그리고 SIV에 감염된 침팬지의 피를 통해 바이러스가 사냥꾼의 몸 안으로 침투했고, 새로운 숙주로 들어온 바이러스는 변이를 일으킨 끝에 HIV가 되었을 것이다.

아마도 그 사냥꾼은 오지의 작은 마을에 살고 있었기 때문에 처음에 바이러스는 그리 멀리 퍼져 나가지 못했을 것이다. 그러나 끝내 바이러스는 콩고강을 따라 남쪽으로 내려오는 누군가의 몸을 타고 함께 내려왔을 것이라고 한 박사와 연구진은 추측한다. 오래 지나지 않아 바이러스는 도시에 도달했고, 그 도시의 사람들 사이에서 급속도로 퍼져 나갔다. 한 박사는 2007년 <내셔널지오그래픽> 기자에게 콩고민주공화국에 있는 두 대도시의 이름을 대면서 말했다.

"바이러스는 킨샤사 또는 브라자빌일 수도 있는 대도시에 도착한 것입니다. 우리는 에이즈 범유행이 그곳에서 시작되었다고 생각합니다."

오늘날 에이즈를 연구하는 과학자들은 SIV가 인간에게 전파된 것이 1930년대 무렵이라고 추정한다. 2007년에는 1959년 당시 킨샤사에 거주하던 한 남자로부터 채취하여 냉동 보관한 혈액 표본에 HIV가 들어 있다는 사실이 밝혀졌다. 이는 지금까지 알려진 가장 최초의 HIV 감염 사례이다. HIV는 아마도 1977년 북아메리카에 상륙했을 테지만 1980년대 초가 되기 전까지는 수면 위로 떠오르지 않았다.

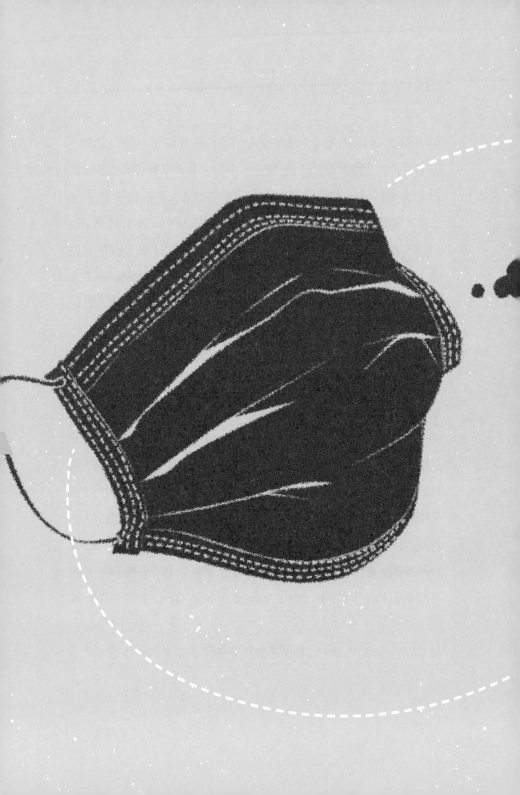

8

세상을 구한
폭로

2020년 코로나19 범유행

코로나19는
다른 모든 질병과 마찬가지로
우리가 나라를 구분하기 위해
지도에 그려 놓은 선을 인식하지 못할뿐더러
국경에서 멈추어 서지 않는다.
코로나19의 확산을 막기 위해서는
우리 모두가 협력해야 하며
정보를 공유해야 한다.

- 본문에서

2019년 12월 30일, 오전 7시 30분. 막 해가 떠오르는 참이었다. 리원량(李文亮) 박사는 이미 일을 하러 길을 나서고 있었다. 중국 우한시, 양쯔강의 드넓은 갈색 수면 위로 짙은 안개가 깔려 있었다. 회색빛 안개 위로 하늘 높이 솟은 고층 건물들의 꼭대기들이 보였다. 강을 따라 펼쳐진 공원에서는 사람들이 태극권을 하기 위해 모여들고 있었다. 리원량은 걸음을 옮기면서 차가운 공기를 깊이 들이마셨다. 그의 직장인 우한중앙병원까지 걸어서 출근하는 일은 정신없이 바쁜 하루를 맞기 전 정신을 집중하는 데 크게 도움이 되었다. 강을 따라 이어진 오솔길은 그가 가장 좋아하는 길이다. 이른 아침 시간 강변의 오솔길은 인구 1,100만이 거주하는 대도시에서는 찾아보기 어려운 고요하고 차분한 오아시스가 되어 주었다. 우한은 제조업의 중심지이자 교통의 요지로, 거리는 언제나 승용차와 트럭, 버스, 사람 들로 붐볐다.

리원량은 서른세 살의 젊은 나이지만 이미 병원에서 안과 전문의로서 최고의 실력을 인정받고 있었다. 그는 자신이 하는 일을 아주 진지하게 생각했으며 그날의 첫 환자를 진료하기 전에 최근에 발표된 의학 연구를 검토하고 따라잡기 위해 자주 이른 시간에 출근했다.

리원량은 흥미로운 논문이나 연구 결과를 발견하면 함께 의대를 나온 친구들과 몇 분 동안 그에 관한 이야기를 나누었다. 150명이 넘는 젊은 의사들은 중국 전역의 병원에 흩어져 일하고 있지만 중국의 인기 있는 소셜 네트워크 서비스인 위챗으로 매일같이 서로 소식을 전하며 지냈다. 그는 새로운 치료법과 수수께끼 같은 환자들에 대해 동료 의사들이 활발하게 벌이는 토론에 참가하는 일을 즐겼다.

리원량이 병원 주차장에 들어섰을 때 주차장은 이미 자동차와 구급차들로 꽉 들어차 있었다. 병원 안 응급실의 대기실에도 사람들이 넘쳐났고, 복도 또한 환자들과 하얀 가운을 입은 병원 직원들로 발 디딜 틈 없이 붐볐다. 그는 엘리베이터를 타기 위해 사람들 사이를 헤치고 걸으면서 주변에서 벌어지는 일을 관찰했다.

이 병원은 언제나 활기가 넘치고 환자들로 북적이지만 리원량은 지난 며칠 동안 병원이 평소보다 훨씬 더 바쁘게 돌아가고 있다는 사실을 알아차렸다. 근무 시간이 끝날 때마다 응급실에서는 의사와 간호사 들이 피로에 창백해진 얼굴로 비틀거리며 걸어 나왔다. 눈앞의 현상을 유심히 관찰하고 주의를 기울이도록 훈련받은 그의 눈에 그들은 단순히 피곤에 지친 것만은 아닌 듯 보였다. 그들은 근심하고 있는 것처럼 보였다.

리원량이 일하는 몇 층 위의 안과 병동은 아래층보다 한층 조용했다. 그는 오늘 첫 환자의 차트를 살피기 위해 자신의 진료실 안으로 들어갔다. 하지만 미처 자리에 앉기도 전에 주머니 속 휴대전화가 새로 이메일이 온 것을 알렸다. 이메일은 응급실 주임 아이펀(艾芬) 박사가 보낸 것이었다. 아이펀은 병원에서 일하는 여러 명의 의사에게 같은 이메일을 보냈다. 제목에는 '긴급'이라고 쓰여 있었다.

아이펀은 이메일에서 며칠 전 자신이 치료한 한 환자에 대해 설명했다. 그 환자는 고열과 호흡 곤란을 호소하며 응급실로 실려 왔다. 엑스레이 검사에서 폐에 염증이 발견되었고, 박사는 폐렴이라고 진단했다. 하지만 무언가 마음에 걸리는 것이 있었다. 그 환자가 어떻게 폐렴에 걸렸는지 원인을 제대로 규명할 수 없었기 때문이다. 게다가 증상이 나타나는 양상을 보니 2003년 박사가 치료한 환자들이 떠올랐다. 2003년에 치료한 환자들은 흔히 사스(Severe Acute Respiratory Syndrome, SARS)라고 부르는 중증 급성 호흡기 증후군을 앓고 있었다. 하지만 박사가 정말로 걱정이 된 이유는 지난 3일 동안 같은 증상을 보이는 환자가 계속해서 응급실로 실려 왔기 때문이다. 그 첫 환자를 폐렴으로 진단한 뒤 똑같이 흔치 않은 폐렴 증상을 보이는 환자가 벌써 여섯 명이나 응급실에 나타난 것이다. 그리고 이 환자들은 폐렴을 일으킨 원인을 밝혀낼 수 없다는 공통점이 있었다. 박사는 첫 번째 환자의 폐렴을 일으킨 원인이 무엇이든 간에 이 병이 퍼져 나가고 있다고 추측했다.

오늘 예약된 첫 환자가 리원량의 진료실에 들어왔다. 그는 휴대전화를 주머니에 넣은 채 환자를 맞았다. 하지만 환자를 진료하면서도 방금 읽은 이메일 내용을 머리에서 떨쳐 버릴 수가 없었다. 그는 의대에 다니면서 호흡기 질환인 사스가 어떻게 전에 한 번도 발견되지 않았던 바이러스에 의해 발생했으며, 어떻게 전 세계에 범유행하게 되었는지 배웠다. 사스는 일반적으로 작은 몸집의 포유류 동물에서만 발견되던 바이러스가 변이를 일으킨 끝에 사람들을 감염시킨 뒤 중국에서 유행하기 시작했다. 사스는 전 세계의 각 도시로 급속도로 퍼져 나갔고, 8,000명이 넘는 사람들을 감염시키고 수백 명의 목숨을 앗아 갔다. 그 모든 일이 채 여섯 달이 지나기도 전에 일어났다. 그리고 사스는 나타날 때만큼이나 갑작스럽게 자취를 감추어 버렸다. 지금 이 병이 다시 돌아온 것일까?

리원량은 응급실에 나타난 위험과 맞서 싸우는 데 자신이 무슨 일을 할 수 있을지 생각했다. 전염병 유행이 시작되는 일을 막기 위해 무언가

219

할 수 있는 일이 있을까? 그는 의사로서 사람들의 건강을 보호하기 위해 최선을 다해야 할 책임이 있었다.

2019년 12월 30일, 오후 5시 30분. 마지막 환자의 진료를 마치고 인사를 할 무렵 리원량은 이미 결심을 굳혔다. 그는 자신이 알게 된 사실에 대해 다른 이들에게 경고를 할 작정이었다. 사람들이 그들 자신과 가족을 지킬 수 있도록, 그리고 또 다른 사람들에게 자신의 경고를 전해 줄 수 있도록 소식을 알리려고 했다. 그는 위챗을 연 다음 의대 친구들에게 보내는 글을 입력하기 시작했다.

"사스 환자가 일곱 명 확인되었다."

그리고 아이펀 박사가 진료한 환자들에 대한 보고서를 첨부했다. 리원량은 이 환자들 사이에 연관성이 있는 것으로 보인다고 경고했다. 아이펀의 이메일에 따르면 환자들은 모두 근처에 있는 화난수산물시장에서 일하거나 최근 그곳에서 장을 본 적이 있는 사람들이었다. 리원량은 친구들에게 또다시 사스가 유행하게 될 경우를 대비하여 예방 조치를 취하고, 다른 가족과 친구들 또한 전염병 유행에서 자신을 보호할 수 있도록 이 소식을 전해 달라고 부탁했다. 보내기 버튼을 눌렀다. 우한의 병원 응급실에 나타난 이상한 증상의 폐렴 환자들에 대한 소식이 처음으로 병원 울타리를 넘어 바깥세상으로 전해지는 순간이었다.

리원량은 아내와 아기, 부모님을 보고 싶은 마음에 서둘러 집으로 발걸음을 옮겼다. 한편 그의 병원에서 시작되었을지도 모를 새로운 전염병 유행에서 사람들을 보호하기 위해 자신이 달리 무슨 일을 할 수 있는지 생각해 보고 싶었다.

2019년 12월 31일. 우한시 공중보건 당국은 우한에서 나타나고 있는 이상 증상 폐렴 환자들의 집단 감염 사태에 대해 베이징에 있는 국가위생건강위원회에 보고했다. 하지만 폐렴을 일으키는 원인에 대해 아직 제대로 밝혀진 정보가 없었기 때문에 우한시 공무원들은 이 정체를 알 수 없는 병에 대해 대중에게 알리기에는 아직 이르다고 판단했다.

2020년 1월 1일. 우한시 당국은 경찰을 파견하여 화난수산물시장을 폐쇄했다. 화난수산물시장은 우한 전역에 흩어진 병원 응급실을 찾는 이상 증상의 폐렴 환자들 사이에서 지금까지 발견된 유일한 연결 고리였기 때문이다. 경찰은 시장 상인들에게 모두 집으로 돌아가라고 명령하고 출입구를 잠그고는, 건물 주위로 철책을 두르고는, 장을 보러 오는 사람들이 시장 안으로 들어오지 못하게 보초를 세웠다. 그다음 마스크와 보호 장비를 착용한 사람들이 시장 건물을 꼭대기부터 바닥까지 깨끗하게 문질러 청소하기 시작했다. 시 당국은 이 시장에 있는 무언가가 집단 감염을 일으켰다면 건물을 폐쇄함으로써 수수께끼 같은 폐렴 환자가 더는 나타나지 않게 되기를 바랐다.

2020년 1월 2일. 우한시 공중보건 당국은 우한의 병원 응급실에 나타나는 폐렴 환자들에 대한 정보를 인터넷상에 발표했다. 당국에서는 이 폐렴을 일으키는 원인이 무엇이든 간에 아직까지는 사람 간 전파가 이루

221

어진다는 증거가 없다고 말하면서도 사람이 많이 모이는 장소를 피하는 등 예방 조치를 취해야 한다고 덧붙였다.

2020년 1월 3일, 새벽 1시 30분. "리 박사! 리 박사, 어서 문을 여세요!" 누군가 문을 쾅쾅 두드리며 외치는 소리에 리원량은 깊은 잠에서 깨어났다. 그는 비틀비틀 침대에서 일어나 안경을 쓰는 것도 잊은 채 문을 열었다. 안경을 쓰지 않았기 때문에 문밖에 서 있던 경찰들의 얼굴은 그저 뿌연 윤곽으로만 보일 뿐이었다. 하지만 경찰들의 험악한 말투에서 이렇게 늦은 시각에 그들이 집으로 찾아온 데는 무언가 긴급한 이유가 있음을 짐작할 수 있었다. 그가 무슨 문제에 휘말린 것은 분명했다. 하지만 도대체 무슨 문제란 말인가?

"당신이 우한중앙병원 안과에서 근무하는 리 박사가 맞습니까?"

"네, 그런데 대체 무슨 일입니까?"

"지금 경찰서로 가 줘야겠습니다. 당신이 인터넷에 퍼트리고 있는 헛소문에 대해 몇 가지 조사할 게 있습니다."

리원량과 위챗 모임을 함께하던 누군가가 박사가 올린 글을 공공 웹사이트에 공유했고, 수많은 사람이 박사가 의사 친구들에게 보낸 경고의 글을 읽고 근심하기 시작했다. 이미 우한시에서 새로운 사스 유행이 시작되었다는 소문이 돌고 있었다. 공식적인 발표를 하기 전에 시 당국에서는 더 많은 정보를 입수해야 했다. 이 폐렴 증상은 사스에 의해 나타나는 것일까, 아니면 다른 원인이 있을까? 이 병은 전염성이 있는 것일까, 아니면 환자들은 모두 시장에 있는 무언가에 의해 감염된 것일까? 시 당국은 시간을 벌어야 했고, 그러기 위해서는 리원량의 협조가 필요했다.

경찰이 리원량의 집에 들이닥친 것은 그런 이유로 그에게 경고의 말을 전하기 위해서였다. 병원의 폐렴 환자들에 대해 입을 다물고 있으라는 경고였다.

"당신은 안과 전문의입니다. 그렇지 않습니까?"

경찰서에서 책임자가 고개를 절레절레 흔들며 말을 이었다.

"당신이 폐렴에 대해 뭘 안단 말입니까?"

"나는 환자 사례 보고서를 읽을 수 있습니다."

리원량이 격분하여 대답했다.

"내가 보고서를 보낸 다른 의사들도 마찬가지입니다. 그들도 우려가 되었기 때문에 내가 보낸 경고의 글을 온라인에 공유한 것입니다."

"리 박사, 이 환자들에 대해 더는 어떤 글도 발표하지 않겠다고 약속해 줘야 합니다. 병의 단서를 연구하는 일은 전문가에게 맡겨 둡시다. 만약 이 병이 사스라면 전문가들이 우한을 보호하기 위해 적절한 조치를 취할 겁니다."

결국 리원량은 자신이 일하는 병원에 나타난 폐렴 환자들에 대한 소식을 다른 사람들에게 전한 일이 잘못된 행동이라는 사실을 인정한다는 진술서에 서명해야만 했다. 그는 병원으로 돌아와 자신이 맡은 환자들을 치료하는 일에 집중하려고 노력했다. 하지만 응급실에 나타난 폐렴 환자들에 대해 입을 다물고 있으라고 강요받은 일에 대해 몹시 화가 났다. 며칠 후 그는 소셜 미디어 사이트인 웨이보에 자신이 강제로 서명해야 했던 진술서를 올렸다.

223

우한시 곳곳에서, 그리고 중국 전역에서 우한에서 발생하는 질병에 대해 걱정하는 사람들이 계속해서 늘어갔다. 우한시의 연구실에서 전염병 학자들은 이 수수께끼 같은 전염병의 원인을 밝혀내기 위해 서둘러 움직였다. 한편 의사들은 숨을 쉬기 힘겨워하는 폐렴 환자들을 보살피면서 이 병이 다른 사람에게 전파되는지의 여부를 주의 깊게 관찰했다.

2020년 1월 3일. 중국의 공중보건 당국은 세계보건기구에 우한의 폐렴 환자들에 대한 보고서를 보냈다. 이미 우한시에서 마흔네 명의 사람들이 폐렴 증상을 보이며 쓰러졌고, 의사들은 아직도 그 원인을 밝혀내지 못하고 있었다.

세계보건기구는 전 세계에서 발생하는 전염병을 추적하는 임무를 맡은 국제연합 소속 기구로, 전염병 유행에서 전 세계 사람들을 보호하기 위해 언제든지 경보를 내릴 준비가 되어 있다. 다음 날 세계보건기구는 이 폐렴 환자들에 대한 소식을 트위터에 올렸다.

"#중국에서 WHO에 후베이성 우한시의 #폐렴 집단 감염을 보고했습니다. 사망자는 없습니다. 이 질병의 원인을 밝혀내기 위해 조사하고 있습니다."

세계보건기구는 전 세계 국가에 호흡기 질환에 대해 특별히 주의를 기울이라고 요청했다. 그리고 이 수수께끼를 푸는 데 힘을 보태기 위해 조사단을 우한으로 보냈다.

2020년 1월 8일, 오전 11시 20분. 리원량은 환자의 눈을 좀 더 자세히

224

검사하기 위해 몸을 앞으로 숙였다. 그가 몸을 숙이고 있을 때 환자가 기침을 하기 시작했다.

"선생님, 죄송해요. 감기에 걸렸나 봐요. 이럴 땐 집에 있어야 하는데, 진료 예약을 놓치고 싶지가 않아서요."

환자는 기침을 하는 중간에 사과했다.

"괜찮습니다. 자, 이제 벽에 걸린 시력표의 글자를 읽어 보시겠어요?"

리 박사는 검사를 계속했다.

2020년 1월 9일. 우한의 의사들은 원인을 알 수 없는 폐렴에 감염된 예순한 살 환자의 목숨을 구하기 위해 고군분투했다. 하지만 감염증에 대응하는 어떤 약물도, 인공호흡 장치도, 다른 보조 장치들도 그의 목숨을 구하지 못했다. 환자는 숨을 거두었다. 이 새로운 질병의 첫 번째 희생자가 나온 것이다. 그는 화난수산물시장에 장을 보러 자주 드나들었던 사람이다.

이 소식을 듣고 리원량은 매일 응급실에서 일하고 있는 아이펀 박사와 다른 친구들에 대해, 그들이 매일같이 마주하고 있는 위험에 대해 생각했다. 우한중앙병원에서 이 폐렴 환자들을 치료하는 의료진은 이미 보호 장비를 착용하기 시작했고, 다른 환자들과 접촉하지 못하도록 폐렴 증상을 보이는 환자들을 주의 깊게 격리하고 있었다. 이런 보호 조치가 충분했을까?

전염병학자들은 밤낮으로 바쁘게 움직이며 이 폐렴 환자들과 접촉한 적이 있는 사람들을 찾아다니고 있었다. 이 병이 사람 간에 전파가 되는

225

지, 만약 그렇다면 얼마나 빠른 속도로 전파되는지 알아내야 했다. 우한시 당국은 사람들에게 가능한 한 집 밖으로 나오지 말고, 공공장소에 나올 때는 마스크를 쓰고 자신의 건강을 스스로 보호하라고 경고했다. 그러자 사람들이 마스크와 장갑을 닥치는 대로 사들이는 바람에 약국에서는 마스크와 장갑이 금세 동나 버렸다.

한편 이 병의 원인을 찾아내려 노력하고 있던 과학자들은 걱정스러

어디서 시작된 걸까?

우한의 의사들이 폐렴 환자들과 면담하면서 화난수산물시장이 계속해서 등장한다는 사실을 알아차리는 데는 그리 오랜 시간이 걸리지 않았다. 처음 이 병에 걸린 환자들은 그 시장에서 일하는 노동자거나 그 시장에서 최근 장을 본 적이 있는 사람들이었다. 그 시장에 있는 무언가가 병을 일으키는 원인임이 틀림없었다. 그러면 그 원인은 과연 무엇일까?

화난수산물시장은 큰 건물 안에 여러 상인이 채소와 과일, 고기, 해산물을 펼쳐 놓고 파는 시장이다. 이곳에는 살아 있는 야생동물을 전문으로 취급하며 음식 재료나 애완동물로 파는 상인들도 몇 명 있었다. 야생생물을 취급하는 시장은 중국뿐만 아니라 전 세계 곳곳에 존재한다. 그리고 전염병학자들은 야생동물을 사고파는 행위가 동물의 질병이 사람에게 '침투하여' 사람을 감염시킬 위험을 증가시킨다고 경고한다. 야생 환경에서는 좀처럼 서로 마주칠 일이 없는 동물들이 이런 시장에 함께 모여들게 되고, 그 와중에 어떤 동물은 전혀 항체가 없는 다른 동물에게 바이러스를 전염시킨다. 그 결과 아픈 동물이 한 마리에서 수십 마리로 증가하게 되고, 바이러스가 상인이나 손님에게 전파될 가능성이 한층 커진다.

아무도 신종 코로나바이러스가 어떻게 사람에게 전파되었는지에 대해서는 정확하게 알지 못한다. 하지만 어떤 연구자들은 박쥐가 코로나바이러스의 숙주라고 생각하며, 코로나바이러스가 박쥐에서 다른 동물로 전해진 다음 화난수산물시장에서 사람에게 전파되었다고 추측하고 있다.

운 마음으로 달력을 바라보았다. 음력설이 다가오고 있었기 때문이다. 매년 이 중요한 명절이 돌아오면 수백만 명의 사람들이 가족을 만나기 위해 나라를 가로질러 고향으로 돌아간다. 우한은 교통의 요지이기 때문에 수많은 여행객이 이 도시에서 비행기와 기차, 버스에 탑승하게 될 터였다. 과학자들은 이 수수께끼 같은 질병이 사람과 사람 사이에서 직접 전염될 수 있는지의 여부를 확실하게 알아내야 한다는 사실을 잘 알고 있었다. 만약 이 병에 전염성이 있다면 늦지 않게 사람들에게 그 사실을 알려주어야 했다. 그렇지 않다면 이 병은 걷잡을 수 없을 정도로 빠르게 퍼져 나갈 것이었다.

2020년 1월 11일. 마침내 중국 과학자들은 모든 우한 시민이 알고 싶은 질문, 이 질병을 일으키는 원인은 무엇인가 하는 질문의 답을 찾아냈다. 이 병을 일으키는 원인은 사스와 같은 과에 속한 바이러스였다. 바로 코로나바이러스다. 코로나바이러스는 바이러스의 모양 때문에 그런 이름이 붙었다. 작은 원 주변에 마치 왕관을 쓰고 있는 듯이 미세하게 뿔이 돋아 있기 때문이다('코로나corona'는 라틴어로 왕관을 뜻한다). 코로나바이러스는 아주 흔한 바이러스로 동물과 사람 모두에게 병을 일으킨다. 사람이 코로나바이러스에 감염되었을 때는 대부분 일반 감기처럼 가벼운 증상만 나타난다. 하지만 이번에 과학자들이 찾아낸 바이러스는 전에 한 번도 보지 못한 완전히 새로운 종류였다. 과학자들은 이 바이러스가 치명적일 수 있다는 사실을 이미 알고 있었다.

세계보건기구와 전 세계의 공중보건 기관들에 보내는 보고서에서 과학자들은 자신들이 발견한 바이러스를 '신종(새로운) 코로나바이러스'라고 언급했다. 또한 자신들이 이 바이러스의 정체를 밝히는 데 성공했을 뿐만 아니라 이미 이 바이러스의 유전체를 분석했다고 보고했다. 그 말은 곧 과학자들이 이 바이러스가 어떻게 구성되어 있는지를 비롯하여 이 바이러스에 대한 정보를 구체적으로 알아냈다는 뜻이었다. 바이러스의 유전 구조를 파악하는 일은 환자가 이 수수께끼 같은 질병에 걸렸는지 검사하는 정확한 방법을 개발하는 데 크게 도움이 된다. 이 신종 코로나바이러스를 제대로 이해하는 일은 인류에게 매우 중대한 일이었다.

중국과 세계보건기구의 과학자들은 이 새로운 적수에 대해 아직 밝혀야 할 것이 많이 남아 있다는 사실을 잘 알고 있었다. 그리고 이 질병에 대해 계속해서 연구하면서 그들은 이 바이러스에 감염된 사람의 몸 안에서 무슨 일이 일어나는지에 대한 그림의 조각을 하나씩 맞추어 나가기 시작했다.

병의 징후와 증상

신종 코로나바이러스는 우리 몸의 상부 호흡기에 있는 세포에 달라붙는다. 상부 호흡기는 코와 목구멍처럼 우리가 호흡하고 말을 하는 데 쓰는 신체 부위다. 우리 몸에 바이러스가 침입하면 면역계에 경보가 내려지고, 면역계는 바이러스를 공격하기 시작한다. 신종 코로나바이러스에 감염된 사람은 며칠 안, 또는 최대 2주 안에 인후통, 콧물, 열, 기침 같은 증상을 보이기 시작한다.

유행 곡선 바로 알기

신종 코로나바이러스가 퍼져 나가면서 공중보건 당국은 대중에게 '곡선을 완화'할 수 있도록 도와 달라고 호소했다. 전염병 유행 곡선은 전염병학자들이 질병의 확산 정도를 확인하고 병의 발생 원인을 추적하는 한편 병의 전파 속도를 늦추거나 멈추기 위해 사용하는 도구다.

전염병학자들은 유행 그래프에서 첫 번째 환자가 병에 걸린 날짜를 기록한다. 그다음 그래프의 X축을 따라 첫 환자 발생 이후의 날짜를 기록하면서 그래프의 Y축을 따라 새롭게 감염된 환자를 더해 나간다. 그래프의 각각의 점들은 곡선을 형성하며 그 곡선 모양에 따라 과학자들은 병의 유행에 대한 중요한 단서를 파악할 수 있다. 여기에서는 곡선 모양에 따른 세 가지 유행 양상에 대해 소개한다.

하나의 원인에 따른 질병 발생: 한순간 갑자기 치솟았다가 다음 순간 바로 떨어지는 곡선은 짧은 기간 동안 많은 사람이 병에 걸렸으며 시간이 지날수록 병에 걸린 환자들이 줄어든다는 사실을 보여 준다. 이런 형태의 곡선에서 전염병학자들은 병을 일으키는 단 하나의 원인을 찾아야 한다는 사실을 알게 된다. 이를테면 오염된 음식 같은 원인이다.

지속적인 공통 원인에 따른 유행: 정점으로 올라갔다가 다시 떨어지고 다시 조금씩 상승하는 곡선을 보고 전염병학자들은 오염 원인이 지속적으로 존재한다는 사실을 알게 된다. 브로드 거리에서 콜레라가 유행할 당시, 존 스노는 바로 이런 곡선을 보았을 것이다. 사람들이 오염된 식수를 마시지 않게 되었을 때 병의 유행이 끝나면서 곡선은 완전히 평평해졌다.

점진적인 증가 원인에 따른 유행: 사람 간 전파로 병이 전염되는 경우 곡선은 물결무늬를 그리며 각 물결의 정점은 이전 정점보다 더 높아진다. 유행이 지속되면서 점점 더 많은 사람이 병에 걸리게 된다. 이런 현상은 모든 사람이 병에 걸리거나 백신이 도입될 때까지 계속 지속된다.

어느 경우에는 이런 증상이 너무 가볍게 지나가기 때문에 감염된 사람 자신조차 눈치채지 못하고 넘어갈 수도 있다. 하지만 스스로 전혀 아프다고 느끼지 않는 사람들도 다른 사람을 감염시킬 수 있다. 바로 이 점 때문에 코로나19(2019년 발생한 코로나바이러스라는 뜻에서 '코로나19COVID-19'라고 부른다-편집자)는 확산을 통제하기 어려운 질병이다. 사스 같은 다른 코로나바이러스 감염증의 경우에는 감염되고 얼마 지나지 않아 금세 증상이 나타나고, 증상이 나타나는 순간 격리할 수 있었기 때문에 더는 다른 사람들에게 병을 전파시키지 않았다.

코로나19에 걸린 대부분의 사람에게는 가벼운 증상만이 나타난다. 하지만 이따금 바이러스는 폐에 있는 세포로 침입하여 염증을 일으킨 끝에 폐를 막히게 만든다. 그리고 호흡 곤란을 일으킨다. 폐에 있는 공기주

이름에 담긴 의미

돼지 독감인가, 신종 플루인가? 후천성 면역 결핍증인가, 성 소수자 관련 면역 결핍증인가? 코로나19인가, 우한 폐렴인가? 우리가 질병을 부르는 이름에는 아주 큰 의미가 담겨 있다. 만약 어떤 질병의 이름이 특정 지역이나 집단을 비난하는 것처럼 들린다면 이는 사회적 비난으로 이어지게 된다. 그 결과 사람들은 차별을 받았고 일자리를 잃었으며 심지어 위협을 받기도 했다. 이런 행동들은 질병으로부터 우리를 보호하고 예방하는 데 전혀 도움이 되지 않는다.

2015년 세계보건기구는 새로운 질병에 이름을 붙일 때 지켜야 할 지침을 발표했다. 어떤 병의 이름에 특정 장소나 사람, 동물, 직업에 대해 언급해서는 안 된다. 오늘날 과학자들은 새로운 질병에 이름을 붙일 때 특정 집단의 사람을 가리키지 않는 머리글자나 용어를 사용한다. 차별이 일어나는 일을 막기 위해서다.

머니에 물이 차게 되면서 폐로부터 혈관에 산소가 충분히 전달되지 못하는 것이다. 바로 폐렴의 시작이다.

최초의 코로나19 환자들을 치료한 우한의 의사들은 '젖빛 유리' 얼룩이라 알려진 폐렴 증상을 보고 근심에 잠겼다. CT 검사를 하면 코로나19 환자의 폐에서는 폐 가장자리까지 이어져 있을지도 모를 하얀 얼룩이 보일 가능성이 크다. 이 하얀 얼룩은 바로 물이 찬 주머니다. 우한의 의사들은 사스에 감염된 환자들의 폐에서 이런 얼룩을 본 적이 있었다. 사스와 코로나19는 모두 코로나바이러스에 의해 발생한다. 이 하얀 얼룩은 아주 빠른 속도로 퍼져 나갈 수 있으며, 그럴 경우 환자의 호흡을 돕기 위해 추가적인 산소 공급이나 인공호흡 장치가 필요할 수 있다. 하지만 인공호흡 장치를 단다고 해도 감염증을 치료하는 데는 효과가 없다. 단지 몸에 산소를 공급하는 일을 도우면서 몸이 스스로 감염증과 싸워 이겨 낼 수 있는 시간을 벌어 줄 뿐이다.

면역계에 바이러스와 싸울 힘이 남아 있지 않은 환자의 경우 폐에 점점 더 물이 차오르면서 심장 기능이 멈추게 된다. 혈압이 점점 떨어지면 환자는 쇼크 상태에 빠지고 신체는 기능을 멈추어 버린다.

2020년 1월 12일, 오전 7시 30분. 리원량은 하루의 일과를 시작하기 위해 병원 안으로 걸어 들어갔다. 열이 오르는 것 같고 약간 어지러웠으며 피곤했다. 제대로 숨을 쉬기가 어려웠다.

옆을 지나던 한 간호사가 리원량의 모습을 보고 걸음을 멈추었다.

"박사님, 몸이 안 좋아 보이세요. 이리 오세요. 어서 검사를 받아 보셔

야겠어요."

리원량은 폐렴 증상을 보이며 입원했다. 그는 기침을 하던 자신의 환자를 기억해 냈다. 그는 환자의 시력 문제에 집중한 나머지 그 환자가 자신의 진료실 안에 퍼트리고 있었을지 모를 병원체에 대해서는 까맣게 잊고 있었다. 그 환자는 감기가 다 나았을까? 아니면 그 환자도 이 이상한 폐렴에 걸려 고생하고 있을까?

리원량은 침대에 누운 채 숨을 제대로 쉬려고 애를 쓰면서 의사와 간호사 들이 마스크와 방호복을 입고 주위를 돌아다니는 모습을 지켜보았다. 자신이 소셜 미디어에 올린 경고의 글이 전염병이 퍼져 나가는 것을 막는 데 조금이라도 도움이 되었을지 궁금했다. 과학자들은 여전히 이 바이러스가 사람에서 사람으로 전염될 수 있는지 확신하지 못하고 있었다. 그러나 리원량은 자신이 화난수산물시장에 언제 마지막으로 갔었는지 기억해 낼 수가 없었다. 그는 기침을 하던 환자의 눈을 검사한 그때 자신이 병에 감염된 것이 틀림없다고 확신했다.

2020년 1월 13일. 태국은 우한에서 온 한 여행객이 신종 코로나바이러스 감염 증상을 보인다고 보고했다. 중국 바깥에서 나타난 첫 번째 환자였다. 세계보건기구의 과학자들은 신종 코로나바이러스가 사람에서 사람으로 전파될 수 있는지의 여부를 연구하기 시작했다.

2020년 1월 16일. 일본에서도 첫 번째 환자가 확진되었다. 세계보건기구는 전 세계 국가에 항공편으로 도착하는 여행객들을 선별하고 전염병 감염을 예방하기 위한 사전 조치를 취하라고 경고했다.

2020년 1월 19일. 세계보건기구는 트위터를 통해 신종 코로나바이러스가 사람에서 사람으로 전염될 수 있다는 증거를 찾아냈다고 발표했다.

2020년 1월 20일. 중국 최고 권위의 전염병학자인 중난산(鐘南山) 박사가 우한 사태를 해결하기 위해 호출되었다. 그는 텔레비전에 출연하여 새로운 바이러스가 질병을 일으키고 있으며, 이 바이러스는 사람 간 전파가 가능하며 전염력이 아주 높아 보인다고 발표했다. 우한에는 이미 확진된 환자가 300명에 이르고 있었다.

2020년 1월 23일. 중난산은 바이러스의 확산을 막기 위해 우한을 봉쇄한다는 결정을 내렸다. 오전 10시가 되자 도시로 들어오거나 도시를 떠나는 모든 버스와 기차, 비행기가 취소되었다. 지하철도 운행을 멈추었다. 도시 안으로 연결된 고속도로에는 방책이 설치되었다. 학교와 회사는 휴교와 휴업에 들어갔다. 사람들은 집에 머물렀고 오직 식료품을 구하기 위해서만 외출했다. 음력설 바로 이틀 전이었다. 당국은 바이러스 확산을 억제하기 위한 조치가 늦지 않았기를 바랐다.

며칠 후 중국에 있는 다른 도시에서도 여행이 제한되는 한편 학교와 식당, 상점에 문을 닫으라는 명령이 내려졌다. 또한 시 당국은 시민들에게 집에 머물러 달라고 당부했다. 중국 전역에 걸쳐 이 병에 걸린 사람들이 속속 나타났고, 홍콩을 비롯한 주변 국가에서도 환자들이 나타나기 시작했다. 중국을 비롯한 전 세계의 과학자들은 봉쇄 조치가 질병 확산을 막는 데 효과를 발휘할지, 아니면 다른 곳에서 다시 병이 발생할지 숨을 죽인 채 사태를 지켜보고 있었다.

2020년 1월 30일. 세계보건기구는 신종 코로나바이러스를 국제적 공중보건 비상사태로 선포했다. 이는 이 바이러스가 매우 심각하고 급한 보건상의 위험으로 떠올랐고, 전 세계로 퍼져 나갈 가능성이 있으며, 이 위협에 대처하기 위해서는 국제적인 조치가 필요하다는 뜻이었다. 이미 중국이 아닌 다른 나라에서 여든두 명의 환자가 확진되었다. 우한시 봉쇄는 전염병이 확산하는 속도를 늦추었을지는 모르지만 이를 멈추지는 못했다.

휴교로 전염병 확산을 막을 수 있다

2006년 로라 글래스(Laura Glass)는 해마다 열리는 과학 박람회에 참가하기 위해 연구 주제를 찾고 있었다. 로라는 연구직 과학자인 아버지 로버트 글래스(Robert Glass)의 도움을 받아 전염병이 유행하는 동안 사람들이 얼마나 서로 교류하는지를 보여 주는 컴퓨터 모의실험 모델을 만들었다. 로라의 연구 결과에 따르면 학교에 다니는 어린이들이 다른 어떤 집단보다 사람들과 많이 접촉한다. 어린이들은 매일 약 140명을 만났다! 이는 곧 전염병 유행을 막기 위해서는 학교 문을 닫는 일이 필수적인 조치라는 의미였다.

로라 글래스의 연구 과제는 국제 과학 박람회에서 3등 상을 받았고, 백악관에서도 휴교가 전염병 확산을 막을 수 있다는 연구 과제에 대해 이야기를 듣고 싶어 했다. 2007년 미국 질병관리본부는 전염병 유행에 대응하기 위한 대책안에 사회적 거리 두기와 휴교령, 휴업령을 공식적으로 포함시켰다.

2020년 2월 1일. 리원량은 병실에 누워 웨이보에 마지막 글을 올렸다. "오늘 핵산 검사 결과가 양성으로 나왔다. 드디어 상황이 진정되었고, 병명이 확인되었다."

그는 무엇이 자신을 이렇게 아프게 하는지 그 원인을 알아냈다. 그가 살고 있는 도시에서 이미 수많은 사람의 목숨을 앗아 간 바로 그 바이러스, 그가 한 달도 전에 다른 사람에게 그 위험을 경고하려 한 새로운 바이러스였다. 리원량은 자신의 모습을 찍어 웨이보에 올렸다. 안색이 창백하고 피로해 보이는 남자가 얼굴을 반쯤 덮은 인공호흡 장치를 한 채 두려움에 질린 눈을 크게 뜨고 있는 사진이었다.

이제 중국 전역에서는 신종 코로나바이러스에 감염된 환자가 1만 명 넘게 확인되고 있었다.

2020년 2월 7일. 우한중앙병원은 리원량이 사망했다는 소식을 알렸다. 중국과 전 세계의 수많은 사람이 위챗과 웨이보를 통해 코앞에 닥친 전염병 유행의 위험을 처음으로 세계에 경고하려고 노력한 의사를 추모하기 위해 글을 올렸다. 사람들은 '#나는표현의자유를원한다'라는 해시태그를 달면서 중국 정부에 소셜 미디어에서 국민을 감시하고 검열하는 일을 중단하라고 촉구했다.

2020년 2월 11일. 세계보건기구는 공식적으로 이 신종 코로나바이러스 감염증을 코로나19(COronaVIrus Disease of 2019, COVID-19)라고 부르기로 선언했다.

중국 정부는 왜 우한 경찰이 리원량에게 바이러스와 관련된 정보를 공유하지 말라고 요구했는지 조사하기 시작했다. 그 결과 그에게 침묵하라고 요구한 행위는 부당하다고 결론 내렸다. 위급한 상황이었다 해도 올바른 정보를 전달하지 않고 침묵하는 것은 공중보건을 더욱 위험하게 한

가짜 뉴스 전염병을 멈추자

- 참갈파래를 먹으면 코로나19에 걸리는 것을 예방할 수 있다? 거짓!
- 모기가 코로나바이러스를 전염시킨다? 거짓!
- 뜨거운 물을 마시면 몸 안의 바이러스를 씻어 낼 수 있다? 거짓!
- 코로나19에 걸렸는지 확인할 수 있는 쉬운 방법은 10초 이상 숨을 참을 수 있는지의 여부이다? 거짓!
- 러시아 대통령은 코로나19가 유행하는 동안 사람들이 집 밖으로 나오지 못하게 하기 위해 모스크바 시내에 사자를 풀어놓았다? 거짓!

전염병이 세계적으로 유행하게 되면 우리는 모두 자신을 안전하게 지킬 수 있는 정보를 알고 싶어 한다. 불행하게도 코로나19에 대한 잘못된 정보와 헛소문이 병 자체가 확산하는 것만큼이나 빠르게 퍼져 나갔다. 얼마 지나지 않아 세계보건기구의 전염병학자들은 자신들이 통제해야 할 전염병이 두 가지임을 알게 되었다. 코로나19와 걷잡을 수 없이 퍼져 나가고 있는 정보 전염병이다.

잘못된 정보의 홍수가 일으키는 문제는 이런 헛소문을 믿고 따르는 사람들이 보건 전문가의 조언을 따르지 않을 가능성이 크다는 것이다. 그 결과 그들은 자신의 목숨을 위험에 빠트리는 행동을 하게 될 수 있다. 세계보건기구를 비롯한 공중보건 기관은 소셜 미디어를 통해 제대로 된 정보를 공유함으로써 잘못된 정보를 옮기는 정보 전염병과 맞서 싸우고 있다. 잘못된 정보가 퍼져 나가는 것을 막기 위해 우리 모두가 해야 할 일이 있다. 어떤 정보를 공유하기 전에 다시 한번 생각하고, 그 정보가 잘못된 것일 수 있는지 확인해 봐야 한다.

다는 데 중국 정부가 동의한 것이다. 중난산 박사는 텔레비전 인터뷰에서 용감하게 사실을 알린 리원량을 칭찬했다.

"리원량은 중국의 영웅입니다. 그가 참으로 자랑스럽습니다. 그는 12월에 이미 진실을 말했습니다. … 정보를 숨기지 않는 것이 중요합니다. 국민은 진실을 알아야 합니다. 무슨 일이 일어나고 있는지 감추려 한다면 사회를 안정시키기보다 사회적 혼란을 불러일으킬 수 있습니다."

세계보건기구 조사단

2020년 2월 초 브루스 에일워드(Bruce Aylward)가 이끄는 전염병학자들로 이루어진 국제 조사단이 신종 코로나바이러스를 조사하기 위해 중국으로 향했다. 조사단이 우한에 도착했을 때 그곳은 마치 유령 도시처럼 보였다. 공항과 기차역은 고요했고 인기척이라고는 느껴지지 않았다. 자동차를 타고 이동하던 조사단은 굳게 덧문이 닫혀 있는 상점들과 텅 빈 거리를 지났다. 길거리와 공원에는 개를 산책시키는 사람도, 조깅을 하는 사람도 전혀 눈에 띄지 않았다. 놀이터도 텅 빈 채 고요할 뿐이었다. 마침내 조사단이 호텔에 도착했을 때 에일워드 박사는 우한에 살고 있는 1,100만 명의 긴장감을 느낄 수 있었다. 우한 시민들은 모두 집 안에 머물면서 다시 밖으로 나오는 것이 안전해지기만을 기다리고 있었다.

그 후로 열흘 동안 조사단은 중국 전역을 돌며 코로나바이러스가 퍼져 나간 도시와 마을을 방문했고, 수백 명의 환자들과 의사들, 간호사들, 환자의 가족들과 이야기를 나누었다. 조사단의 목표는 코로나바이러스에 대해, 그리고 이 바이러스가 어떻게 전염되는지에 대해 가능한 한 많은 정보를 수집하는 것이었다. 또한 이 질병의 확산을 막기 위해 시행하고 있는 방법들이 효과가 있는지 검토하는 것이었다.

조사 임무가 끝나 갈 무렵 에일워드 박사는 중국 정부에게 축하의 말을 전했다. 손 씻기나 마스크 쓰기, 사회적 거리 두기, 여행 연기하기, 집에 머무르기를 장려하는 방식, 즉 비용이 거의 들지 않고 기술이 필요 없는 방법을 활용하여 질병의 확산을 막아낸 노력에 대해서였다. 그는 다음과 같이 말했다.

"중국 정부는 질병에 대한 이 오래된 접근 방식을 가져와서는 현대 과학과 기술을 이용하여 이 방법의 효과를 최대한으로 높였다. 몇 년 전까지만 해도 상상하기 어려운 일이었다."

효과를 높이기 위해 적용된 방법으로는 코로나19의 초기 증상을 보이는 사람들을 신속하게 선별해 내기 위해 공공장소에 설치한 체온 측정소, CT 검사, 감염된 환자가 접촉했을지도 모를 모든 사람의 신원을 밝혀내는 접촉자 추적, 확진자들을 격리하고 의료진을 가능한 한 안전하게 보호하기 위한 특별 병동을 갖춘 격리 병원 지정 등이 있었다. 조사단은 우한을 비롯하여 중국 전역의 도시에서 시행한 전략 덕분에 수십만 명의 사람들이 코로나19에 감염되지 않을 수 있었다고 추정했다.

중국은 불과 몇 주 만에 들불처럼 퍼지는 바이러스의 확산 속도를 늦추는 데 성공했다. 감염 환자의 수가 점점 줄어드는 중에도 우한에 있는 병원에서는 계속해서 인공호흡 장치를 구입하고 병상을 확보하면서 환자를 치료할 수 있는 능력을 강화했다. 전염병학자들은 질병의 1차 유행이 지나가고 난 뒤 곧 2차 유행이 따라온다는 사실을 잘 알고 있었다. 가끔 바이러스는 변이하여 우리가 미처 대비하지 못한 다른 형태로 돌아오기도 한다. 또한 아직 완전히 사라져 버리지 않은 바이러스가 사람들의 경계심이 늦추어진 틈을 타 다시 한번 확산할 기회를 잡기도 한다. 중국은 사람들이 격리에서 풀려나 직장과 학교로 돌아가고 공공장소에서 서로 만나기 시작할 때 바이러스가 다시 기세를 떨칠지도 모를 가능성에 대비하고 있다.

과학자들은 이 바이러스가 적어도 두 가지 방식을 통해 전파될 수 있다는 데 의견을 모은다. 하나는 기침이나 재채기를 통한 전파다. 이 바이

당황하지 마세요, 범유행입니다

정부에서는 자연재해에 대비하여 대책을 세울 때 고민을 하기 마련이다. 우리는 어떻게 집단 공황 상태에 대응해야 할 것인가? 그런데 실제로 자연재해가 닥치면 사람들은 이기적으로 행동하거나 집단 공황에 빠지는 대신 다른 사람들을 배려하며 서로 돕고, 심지어 낯선 사람까지 도우려고 하는 경향을 보인다. 코로나19 범유행 또한 예외는 아니었다.

영국의 국가보건의료서비스(National Health Service)에서는 범유행 때문에 고립된 노인을 돌보는 자원봉사자를 모집하는 공고를 냈다. 25만 명의 봉사자를 모집하기 위해 낸 이 공고를 보고 세 배가 넘는 사람들이 지원했다.

캐나다의 브리티시컬럼비아주 보건 공무원인 보니 헨리(Bonnie Henry) 박사는 범유행과 관련하여 매일 진행하는 기자회견 때 늘 똑같은 말로 끝을 맺었다.

"침착함을 유지하고, 친절하게 행동하고, 안전을 유지합시다."

그는 우리가 서로 의지해야 한다는 사실을 일깨워 주면서, 브리티시컬럼비아 주민들에게 그에 따라 행동하라고 격려했다.

러스에 감염된 사람이 재채기를 하면 공기 중에 비말을 방출하게 된다. 그리고 누군가 근처에 있던 사람이 이 비말을 흡입하면 바이러스는 새로운 숙주를 갖게 되는 것이다.

다른 하나는 이 비말이 어느 곳의 표면 위로 떨어지는 경우다. 어떤 사람이 그 표면을 손으로 만진 다음 그 손으로 자신의 눈이나 코, 입을 만

어떻게 싸울지 선택하세요

새롭게 나타난 이 위험한 바이러스가 하루가 다르게 더 많은 사람을 감염시키는 동안 전 세계 각국 정부는 자신들의 국민을 안전하게 지키기 위해 발 빠르게 대처해야 했다.

대만과 대한민국은 코로나19 방역의 모범 사례로 꼽힌다. 정부는 국민들에게 가능한 한 집에 머물러 달라고 요청했다. 그리고 첨단 기술을 도입하여 감염된 사람들과 접촉한 적이 있는 사람들을 추적하고, 더 많은 감염을 예방하기 위해 그들을 격리했다. 이 방법은 효과가 있었다. 감염률이 떨어진 것이다. 하지만 대한민국은 시간이 지나면서 환자의 숫자가 늘어나기 시작했다. 사람들은 코로나바이러스에 대한 예방 조치를 아주 오랫동안, 어쩌면 몇 년에 걸쳐 유지해야 할지도 모른다는 사실을 깨닫기 시작했다.

한편 스웨덴에서는 국민들에게 대규모의 모임을 피하고, 가능한 한 서로 거리를 두며, 자주 손을 씻으라고 권고했다. 하지만 사업장과 학교의 문을 닫지 않았고, 사람들에게 마스크를 쓰라고 요청하지도 않았다. 그 결과 2020년 봄 동안 스웨덴에서는 유럽의 다른 어느 나라보다 많은 확진자가 발생했다. 하지만 어떤 사람들은 이는 곧 스웨덴의 코로나19 유행이 다른 어느 곳보다 더 빠르게 끝나게 된다는 뜻이라고 생각한다.

우리는 어떤 방식이 가장 많은 생명을 구하게 될지 아직은 알지 못한다. 지금 세계는 역사상 가장 큰 과학 실험, 즉 호모 사피엔스 대 코로나바이러스의 전쟁을 하고 있다.

지게 되면 바이러스가 그 사람의 몸 안으로 침입하게 된다. 대부분의 경우 코로나19에 걸린 사람들은 다른 사람에게 병을 옮긴다고 해도 한두 명에게만 전염시킨다. 하지만 어떤 경우 코로나19에 걸린 한 사람이 다른 수많은 사람에게 병을 옮길 수도 있다. 이런 사건을 '슈퍼 전파'라고 부른다. 슈퍼 전파는 수많은 사람이 밀폐된 공간에 함께 있으면서 코로나19 감염 환자에게 노출되는 경우 발생한다. 술집과 식당, 교도소, 공장, 교회, 예식장 등은 슈퍼 전파가 일어났던 곳이다.

어쩌면 슈퍼 전파가 코로나바이러스가 지닌 초능력의 일부라고 생각할지도 모른다. 하지만 이는 이 바이러스의 약점이기도 하다. 과학자들은 우리가 슈퍼 전파가 일어나지 못하게 막을 수 있다면 병의 감염률을 낮추고 유행을 끝낼 수 있다고 믿는다.

2020년 2월과 3월에 이르러서도 코로나19는 전 세계에서 계속 퍼져 나갔다. 어떤 사람들은 중국 정부가 세계와 우한 시민들에게 경고를 하는 데 능장을 부렸다고 비난한다. 리원량 같은 이들이 계속해서 소셜 미디어에 정보를 공유할 수 있었다면 사람들이 이 병에 대해 좀 더 관심을 가질 수 있었고, 그 결과 코로나19에 걸리지 않도록 스스로 보호해야 한다는 사실을 더 빨리 깨달았을 것이라고 주장한다.

리원량의 경고가 좀 더 많은 사람에게 전달되었다면 어떤 변화를 일으켰을지 지금으로서는 알 수가 없다. 초기에 좀 더 빠르게 정보가 전달되었다면 우한 시민들이 감염을 예방할 수 있었을지에 대해서도 확인할 길이 없다. 하지만 분명한 것은 코로나19는 다른 모든 질병과 마찬가지로 우리가 이 나라와 저 나라를 구분하기 위해 지도에 그려 놓은 선을 인식하지

241

못할뿐더러 국경에서 멈추어 서지 않는다는 사실이다. 코로나19는 전 세계적인 질병이며 이 질병의 확산을 막기 위해서는 전 세계가 함께 노력해야 한다. 우리 모두가 협력해야 하며 우리가 아는 정보를 공유해야 한다. 그렇게 해야만 과학자들과 의사들은 가장 최신의 중요한 정보를 손에 넣을 수 있고, 그 정보를 바탕으로 우리를 안전하고 건강하게 지켜 줄 수 있다.

비난할 대상 찾기

2020년 2월 15일, 세계보건기구의 사무총장은 코로나19 범유행을 맞아 전 세계의 화합을 촉구하는 연설을 했다.

"우리가 마주한 가장 위험한 적은 바이러스 자체가 아닙니다. 우리의 적은 우리를 서로 적대하게 만드는 비난 행위입니다. 우리는 비난과 증오를 멈추어야 합니다. 우리에게는 선택권이 있습니다. 공통의 위험한 적과 마주하여 힘을 합치겠습니까? 아니면 두려움과 의심과 비이성이 우리를 혼란에 빠트리고 서로 갈라놓도록 내버려 두겠습니까? 지금은 두려움이 아니라 이성에 따라 행동해야 합니다. 뜬소문이 아니라 진실에 기대야 합니다. 서로 비난하는 것이 아니라 단결해야 합니다."

어떤 질병이 퍼지게 될 때 그 책임을 누군가에게 돌리고 그들을 비난하는 행동은 아주 오래되고 슬픈 역사를 지니고 있다. 페스트가 창궐하는 동안 유대인 공동체는 때때로 전염병을 처음 퍼트린 범인이라는 의심을 받았다. 중세 유럽 사회에서 유대인들은 이미 차별을 받아 왔기 때문에 고립된 채 그들끼리 모여 살아갈 수밖에 없었다. 그로 인해 페스트가 유행했을 때 유대인 공동체는 유럽의 도시만큼 크게 피해를 입지 않았다. 이런 현상은 유대인이 페스트가 퍼지는 데 책임이 있다는 비난으로 이어졌다. 그런 소문 때문에 유대인들은 죽임을 당했고 유대인 공동체는 파괴되었다.

1980년대 미국에서 사람들이 에이즈로 죽어 나가기 시작했을 때 어떤 사람들은 아이티섬에서 온 사람들이 이 병을 퍼트리는 보균자라고 의심하며 두려워했다. 부모들은 아이티 출신 아이가 다니는 학교에 자녀를 보내는 것을 거부했다. 수많은 아이티 사람이 공격을 받았고 일자리를 잃었으며 살던 집에서 쫓겨났다.

범유행 시대의 토착적인 힘

전 세계 수많은 지역에 살고 있는 그 지역의 토착민들은 인종 차별과 억압을 받으며 살아가고 있다. 그리고 이는 그들이 살고 있는 생활환경에 크게 영향을 미친다. 토착민들은 의료 제도를 이용하지 못하기도 하고, 영양가 있는 음식이나 깨끗한 식수를 얻지 못하는 환경에서 살고 있기도 하다. 또한 인종 차별 때문에 비좁은 곳에 여러 사람이 모여 살 수밖에 없기도 하며 수입이 불안정할 때도 많다.

이런 이유 때문에 전 세계의 토착민들은 코로나19에 걸릴 위험이 높다. 한 예로 2020년 5월 국제연합은 애리조나주 나바호국에 살고 있는 토착민들이 미국의 다른 지역에 사는 사람들보다 열 배나 빠른 속도로 코로나19에 감염되고 있다고 보고했다.

토착민 공동체의 연장자들과 지도자들은 전통적 지식과 치유 의식을 동원하여 공동체 사람들의 건강을 보호하기 위해 행동에 나서고 있다. 태국의 카렌족은 코로나19 확산을 막기 위해 '크로 이'라고 불리는 마을을 봉쇄하는 고대 의식을 부활시켰다. 모로코의 아마지흐족은 바이러스의 전파를 막기 위해 전통 방식으로 소독을 하고 정화 식물을 사용하고 있다. 파라과이의 브아과라니족의 연장자들은 그 지역 식물을 이용하여 천연 소독제를 만드는 전통 지식을 함께 나누고 있다.

캐나다의 작가이자 스톨로족의 한 사람인 리 매러클(Lee Maracle)은 이렇게 말한다.

"범유행은 경고입니다. 우리는 우리 자신과 우리가 살아가는 방식을 돌아봐야 합니다. 우리 지구를 보살피면서 지속 가능한 방식으로 살아가는 데 필요한 것들을 보존해야 합니다."

1967년, 당시 미국에서 가장 뛰어난 의사는 이렇게 선언했다.

"우리는 이제 전염병이라는 책을 덮을 수 있습니다."

그는 전염병 발생과 유행의 이야기는 이미 끝이 났고, 그 이야기는 그 후로 질병 없는 세상에서 모두 행복하게 살았다는 결말로 끝을 맺었다고 생각했다. 지금 그의 말을 돌이켜 생각하면 터무니없을 정도로 낙관적으로 들린다. 오늘날의 과학자가 이런 주장을 입에 담을 수 있다고 상상하기는 어렵다. 그보다 과학자들은 우리가 전염병이라는 책의 제1장도 채 다 읽지 못했다고 주장할 가능성이 훨씬 크다.

하지만 실제로 그 시대에는 정말로 과학이 질병과의 전쟁에서 승리한 것처럼 보였다. 백신 접종을 통해 천연두와 소아마비 같은, 과거에 수백만 명의 목숨을 앗아 간 질병이 자취를 감추었다. 또한 결핵처럼 사람들이 두려워하던 치명적인 질병들을 치료하는 효과적인 치료법이 등장했다. 디디티(DDT)를 비롯한 여러 살충제로 모기의 접근을 막을 수 있었고,

그 덕분에 황열병이나 말라리아 같은 병은 더는 사람에게 위협이 되지 못했다.

그 후 50년이 지난 지금, 이미 오래전에 사라져 버렸다고 생각한 질병들이 다시 몰려오고 있다. 게다가 그 질병들은 우리가 그 질병을 무찔렀다고 생각한 약물에 저항성을 키워 돌아왔다. 이제 모기는 새롭게 나타난 질병을 사람들에게 전염시키고 있다. 모기를 매개로 사람에게 감염되는 바이러스 질병의 목록에는 황열병과 뎅기열에 더해 웨스트나일 열병, 지카 바이러스 감염증, 치쿤구니야 열병이 이름을 올렸다. 그리고 동물에게서 인간으로 옮겨 와 사람을 감염시키는 바이러스로 코로나19가 등장했다.

과거에 사라졌다고 생각한 질병이 다시 돌아오는 한편 새로운 질병이 계속해서 나타나는 현상 뒤에 숨은 이유는 복잡하다. 때때로 우리는 약물의 기적적인 효과에 너무 크게 의존한 나머지 비누로 손을 씻으면서 수많은 바이러스 감염을 예방하는 단순한 방법을 잊고 지낸다. 그리고 또 한편으로 인류는 역사상 전례가 없는 속도로 자연을 훼손시켰다. 숲의 나무를 베고 마을과 농장을 만들면서 지구 전체에 걸쳐 야생생물과 미생물이 수천 년 넘게 함께 살아온 생태계를 어지럽혔고, 결국 인간만을 자연과 뚝 떨어진 존재로 만들었다. 우리는 전염병이 발생하면 누군가 비난할 대상을 찾았고, 우리가 모두 연결되어 있는 존재라는 사실을 인정하지 않았다. 인류의 건강과 지구의 건강을 유지하기 위해 모두에게 각자 해야 할 일과 책임이 있다는 사실을 인정하려 하지 않았다.

전염병의 유행 또는 범유행이 끝나 갈 무렵, 오랫동안 집에 머물면서 사회적 거리 두기를 실천하고 공동체를 위험에 빠트린 전염병을 더는 퍼트리지 않으려고 최선을 다한 끝에 우리는 자연스럽게 이런 질문을 던지게 될 것이다. 이제 밖으로 나가도 안전할까? 친구들을 만나도 괜찮을까? 문 닫았던 곳들이 다시 문을 열게 될까? 전염병의 2차 유행이 일어나게 될까?

그중에서도 우리가 가장 답을 알고 싶은 질문은 이것이다.

"도대체 언제 이 모든 상황이 정상으로 돌아가게 될 것인가?"

이 질문에 대한 손쉬운 대답은 "신규 감염률이 감소할 때 이 모든 것이 끝나게 된다."일 것이다. 충분히 많은 수의 사람이 바이러스에 감염되어 '집단 면역'을 형성하게 된 결과, 바이러스가 더는 새로운 숙주를 발견하지 못하게 되면 충분히 가능한 일이다. 또는 백신이 개발될 수도 있다.

같은 질문에 대한 어려운 대답은 "앞으로 우리 삶은 절대 '정상'으로 돌아가지 못한다."일 것이다. 또한 그렇게 되어서도 안 될 일이다. 코로나19는 동물 몸 안에 사는 바이러스에서 시작되었다. 그 바이러스가 인간에게 옮겨졌고 그 후 고작 몇 주 만에 전 세계로 퍼져 나갔다. 코로나19는 바이러스와 동물, 그리고 우리 인간이 얼마나 가깝게 연결되어 있는지를 세계에 알리는 경종이 되어야 한다. 우리는 계속해서 생존해 나가기 위해 우리 이웃 생태계와 균형을 맞추어 살아가는 방법을 찾아내야 한다. 인류의 건강은 야생생물의 건강, 그리고 야생생물 안에 살고 있는 미생물의 건강과 직결되어 있다. 우리가 더 많은 공간을 확보하기 위해 그들의 영역을 침범하면서 숲의 나무를 쓰러트리고 개간한다면, 그 행동은 우리 자신의 안전에 해가 되어 돌아오게 된다.

1918년 스페인독감이라는 마지막 범유행을 겪고 난 뒤 사람들은 그 사건을 과거로 묻어 두고 새로운 세기를 향해 앞으로 나아가려고 노력했고, 그 새로운 세기에 질병을 물리치기를 희망했다. 우리는 모든 전염병의 유행과 범유행을 통해 이전과는 다르게 행동할 기회를 얻는다. 우리는 기억하고 과거에서 배워야 한다.

전염병을 다룬 이 책을 덮을 준비가 되었을 때, 이것이 우리 미생물 친구에게 듣는 마지막 소식이라고 생각하지 말자. 좋든 나쁘든 미생물도 우리 세계의 일부이며 미래에는 아마도 더 많은 새로운 질병이 나타나게 될 것이다. 더 많은 전염병 유행과 범유행이 닥쳐올지도 모른다. 그리고 우리는 앞으로도 우리를 건강하게 지키기 위해 인간 전염병학자와 동물 전염병학자를 포함한 질병 탐정들에게 계속 의지할 것이다.

한국의 전염병 역사

이현숙(연세대학교 의학사연구소 연구교수)

"이런 염병할."이라는 욕을 들어 본 적이 있는가? 들어 봤다고 해도 그 뜻을 생각해 본 사람은 많지 않을 것이다. '염병(染病)'은 엄청난 전파력을 가진 전염병이라는 말로, 중국 송나라 때부터 본격적으로 사용하기 시작했다. 우리나라에서는 《세종실록(世宗實錄)》에서부터 그 기록을 찾아볼 수 있다. 송나라와 고려는 교류를 빈번히 하였기에 고려 사회에도 염병이 유행했겠지만, 염병이라는 이름으로 전염병 유행이 처음 기록된 것은 조선 세종 대였다. 이후 염병은 장티푸스를 뜻하는 말로도 사용되었다. 항생제가 없던 시절 장티푸스, 즉 염병은 죽음에 이르는 전염병인 '역병(疫病)'으로 자리매김했다. 이처럼 현재 우리가 일상에서 욕으로 사용하는 염병이라는 말 속에는 우리 조상들이 겪어야 했던 무서운 전염병의 역사가 담겨 있다.

인간은 본래 다양한 질병에 시달리지만 수많은 사람이 한꺼번에 같은 병에 걸려 사망하는 급성 전염병, 즉 역병은 병원균의 유입만으로 발생하는 것이 아니다. 우리 몸에는 면역력이라는 것이 있어서 건강한 사람의 경우 대부분은 질병을 앓아도 회복한다. 그 질병에 대한 면역력이 없는 사람들, 즉 병원균의 입장에서 충분한 먹잇감이 형성되기까지 30~40년이 걸리기 때문에 아무리 독성이 강한 전염병이라도 범유행하기까지는 시간이 필요하다. 이렇게 볼 때, 수많은 사람이 한꺼번에 동일한 병균에 감염되어 아프거나 죽는 역병이 발생하는 건 그리 쉬운 일이 아님을 알 수 있다.

그러나 중세 유럽 사회를 붕괴시킨 페스트나 멕시코의 아즈텍 문명을 멸망시킨 천연두처럼 독성이 강한 새로운 병균과 마주치면 인간의 역사가 바뀌기도 한다. 물론 아무리 무서운 전염병이라도 30~40년을 주기로 범유행하다 보면 결국에는 그 지역의 풍토병이나 어릴 때 한 번씩 통과의례처럼 걸리는 소아전염병으로 자리 잡는다.

'역병'은 고대 중국에서 나온 말로, '부역을 하는 집단 내에 흔히 나타나는 질병'을 가리켰다. 모든 사람에게 부과되는 세금, 즉 역(役)처럼 모두가 걸리는 병이라는 뜻이다. 우리나라를 비롯한 동양에서는 역병이 잘못된 정치 때문에 발생한다고 생각했다. 위정자들이 정치를 잘못해 사람들의 원망이 하늘을 찌를 만큼 쌓이면 하늘이 노해서 내리는 벌이라고 여긴 것이다. 따라서 동양에서 역병이란 매우 정치적인 성격을 가진 질병으로서, 역병의 발생은 후대에 교훈을 남기기 위해 역사에 기록해야 할 중요한 사건이었다. 물론 통치자에게 역병은 자신이 정치를 잘못했다는 의미였으므로 기록하고 싶지 않은 사건이기도 했다. 그렇다면 우리 역사에서 문제가 된 역병에는 어떤 것들이 있었을까?

고대 사회에서 가장 큰 문제가 되었던 것은 홍역이나 두창(천연두), 발진티푸스같이 몸에 발진이 일어나는 전염병이었다. 당시에는 이를 '발진이 일어나는 질환'이라는 뜻으로 '질진(疾疹)'이라고 불렀다.

천연두로 추정되는 전염병이 한반도에 본격적으로 들어온 것은 신라 통일전쟁기였다. 660년 당시 당나라는 백제 사비성을 침공하기 위해 13만 명을 파견했는데, 불과 몇 년 전인 656년 당나라 전역에 천연두가 유행했다. 1519년 600명도 채 안 되는 스페인 군사가 멕시코 아즈텍 제국에 천연두를 옮긴 것처럼, 13만 명에 달하는 당나라 대군이 한반도에 천연두균을 가지고 온 것이다. 이때 처음으로 발발한 천연두는 이후 주기적으로 유행했는데, 성덕왕과 경덕왕 대에 극성하여 통일국가로 막 발돋움한 신라 사회의 인구를 격감시켰다. 735년 신라는 일본에 사신단을 파견하면서 천연두까지 전해주었고, 《속일본기(續日本紀)》에 따르면 이로 인해 3년 동안 일본 인구의 반이 사망했다고 한다. 추측건대 천연두를 전해주었던 신라의 피해 또한 그에 못지않았을 것이다.

경덕왕의 아들 혜공왕이 피살된 이후, 강력한 전제왕권을 이룩한 무열왕의 후손들이 내물왕의 후손들에게 왕위를 빼앗긴 데는 천연두가 크게 공헌했다. 그러나 역병의 유행으로 의학에 대한 관심이 높아지면서 692년 최초의 국립의과대학인 '의학(醫學)'이 설립되었고, 선진적인 당나라 의학과 의료 체제를 적극적으로 수용하고 연구함으로써 현재 한의학의 원형이 이루어지기 시작했다.

통일신라 시대에 유행한 천연두는 고려에 와서도 지속적으로 유행했다. 13세기에 출간된《향약구급방(鄕藥救急方)》은 소아 완두창(천연두의 다른 이름으로, 완두처럼 생긴 부스럼이 난다고 해서 '완두창'이라고 불렀다)만 다루고 성인의 천연두는 다루지 않는데, 이는 고려 때 이미 천연두가 소아 전염병으로 안착했기 때문인 것으로 추측할 수 있다.

그런데 천연두에 익숙해질 무렵인 1018년(현종 9) 여름, 개경에 무서운 전염병이 대유행하여 한꺼번에 많은 사람이 죽었다. 장례를 치를 경제력이 없는 가난한 이들은 사람이 잘 다니지 않는 길에다 몰래 시체를 내다 버렸고 거리에는 점점 시체가 쌓여 갔다. 짐승들이 시체를 뜯어 먹고 다니는 바람에 전염병이 더욱 빠르게 전파되기도 했다. 결국 나라에서는 관리를 파견하여 이들을 묻어 주었다.《고려사(高麗史)》는 이를 '장역(瘴疫)'이라고 기록했다. 이는 더러운 물이나 삼림에서 발생하는 장기(瘴氣, 과거에 서양에서 각종 질병을 일으키는 원인이라고 믿었던 '미아스마'와 같은 뜻이다)로 인한 역병이라는 뜻으로 고열과 복통, 설사를 수반하는 전염병이었다. 이렇게 전염병이 돌면 나라에서 설립한 구제기관인 동서대비원(東西大悲院)에서 가난한 병자를 돌보았다.

그런데 현재 중국의 간쑤성에 해당하는 서량부(西涼府)에서 이보다 앞선 1010년 장역이 유행했다. 1015년에는 서량부 옆의 쓰촨 성까지 퍼져 사망자가 속출했다. 결국 1018년 고려를 덮친 장역은 송나라 군대에 유행했던 병이 변방의 소수 민족에게 퍼지다 3년 뒤 고려 개경까지 온 것이었다.

251

고려 예종과 인종 대에는 '온역(瘟疫)'이 유행했다. 엄청난 고열 증상이 나타나는 온역은 이후 고려 사회를 괴롭히는 또 다른 역병이 되었다. 나라에서는 장역신(神)과 온역신에게 정기적으로 제사를 지내기도 하고, 송나라의 최신 의학서《태평성혜방(太平成惠方)》을 구해 와 전염병 처방책을 익히기도 했다. 그러다 결국 최고의 처방은 예방이라는 점을 깨닫게 되었고, 한 해의 마지막 날 전염병을 막는 납약을 먹거나 복숭아 나뭇가지를 대문에 꽂아 두거나 새해 첫날 폭죽을 터뜨려 사악한 기운을 쫓아내는 일들이 풍습으로 자리 잡기 시작했다.

조선 시대의 괴질과 윤질, 호열자

조선 시대에는 3년에 한 번꼴로 전염병이 유행했다. 국가의 이데올로기가 불교에서 유교로 바뀌면서 부처의 대자대비(大慈大悲)함에 기대어 전염병에 걸린 가난한 환자를 돌보던 동서대비원은 활인서(活人署)로 이름을 바꾸었다. 전염병에 대한 의학적 대응책도 발달했다. 온역을 막거나 치료하는 구급처방들을 모아《벽온방(辟瘟方)》이라는 이름으로 간행하여 민간에 보급하였는데, 대표적인 것으로《벽역신방(辟疫神方)》을 들 수 있다. 이는 어의 허준(1539~1615)이 당시 유행하던 전염병인 성홍열(猩紅熱)을 분석한 의학서로, 성홍열에 관한 세계 최초의 전문 치료서로 평가받는다. 이 무렵 천연두는 일생에 한 번 앓고 지나가는 것이 되었고, 장역과 온역 등도 간헐적으로 유행할 뿐이었다.

임진왜란이 발발한 1592~1791년까지 200년 동안에는 무려 91회에 걸쳐 전염병이 발생했다. 이는 평균 2년마다 전염병이 유행한 것으로 조선 전기보다 더욱 빈발했다. 이토록 자주 전염병이 유행한 것은 잦은 전쟁 탓도 있지만, 17세기 당시 전 세계적으로 한랭화가 진행되던 소빙기였기 때문에 전염병이 유행하기 좋은 환경이기도 했다. 화폐경제가 활성화되고 시장과 대도시가 발달하면서 사람들이 더욱 밀집하여 전염병 발생과 유행이 이전보다 용이해진 이유도 있었다. 전염병으로 인한 사망자 통계를 보면 1699년 25만 명이던 것이 1749년에는 44만 3,000명, 1750년 60만 명으로 규모가 계속 커졌다. 인구 증가와 함께 전염병 희생자도 증가한 것이다.

그중에서도 조선을 가장 두려움에 떨게 한 전염병은 19세기 초에 유행한 괴질, 바로 호랑이가 온몸을 뜯어 먹는 것처럼 고통스럽다는 '호열자(콜레라)'였다. 1807년부터 18년간 100만 명 이상이 사망하여 말세사상과 함께 동학이 유행하는 원인을 제공했다.

개항, 새로운 전염병과 새로운 의학

1876년 문호를 개방한 조선은 청과 일본뿐 아니라 세계 각국과 교류를 시작했는데, 이로 인해 그전까지는 주로 중국을 통해 들어오던 역병의 전파 경로가 점점 더 다양해졌다.

한편 1880년 젊은 한의사 지석영은 일본 수신사의 수행원으로 일본에 따라갔다가 종묘법을 완전히 습득한 뒤 돌아와 우두(牛痘) 접종 사업을 진행하여 천연두를 한국 사회에서 사라지게 하는 첫발을 내디뎠다.

한국 전근대 사회의 전염병

1885년 미국인 선교사 호러스 뉴턴 앨런(Horace Newton Allen)은 고종의 재정적 지원하에 광혜원(廣惠院)을 설립했는데, 이는 우리나라의 의학 체계를 바꾸는 계기가 되었다. 이로 인해 역병에 대한 의학적 대처로 전통적인 민간요법과 한의학적 처치뿐만 아니라 서양의학적인 대응책까지 사용할 수 있게 된 것이다. 당시 서양의학은 파스퇴르(1822~1895)가 전염성 질병의 원인이 병원성 미생물 때문이라는 것을 밝히고 코흐(1843~1910)가 결핵균(1882년)과 콜레라균(1883년)을 발견하면서 눈부신 성과를 올리고 있었다. 1886년부터 광혜원에서는 서양의학을 교육했고 이를 통해 서양의학을 전공한 의사들이 전염병 퇴치에 앞장서기 시작했다.

식민지와 한국전쟁, 그리고 21세기 전염병

1915년 전염병예방령 시행으로 콜레라, 이질, 장티푸스, 파라티푸스, 천연두, 발진티푸스, 성홍열, 디프테리아 및 페스트가 법정전염병으로 확정됐다. 일제강점기에는 상하수도와 같은 기본적인 시설을 확충하기보다는 위생경찰을 통한 강압적 단속 위주로 방역 활동을 시행하여 민간의 반발을 초래했다.

전염병 치료에 획기적인 사건은 항생제의 발전이었다. 2차 세계대전 중 페니실린이 발견된 뒤로 병원균의 성장을 막거나 사멸시키는 항생제가 비약적으로 발전하였다. 이로 인해 전염병로 인한 사망률이 급감하여 인간의 평균수명이 늘어났다. 1950년에 일어난 한국전쟁은 국내에 각종 전염병이 유행하는 동시에 우리나라의 풍토병인 유행성 출혈열이 미국을 비롯한 여러 나라로 건너가는 계기가 되었다. 국내의 제약산업이 발달하고 항생제 사용이 보편화되면서 우리나라 역시 전염병으로 사망하는 사례들이 급격히 줄어들기 시작했다.

1979년 세계보건기구가 천연두 박멸을 선언하는 등 전염병 퇴치에 자신감을 가졌지만 인류는 20세기 후반에 에이즈를, 21세기에 들어 에볼라라는 새로운 전염병을 만나게 되었다. 전염병의 위협은 끝나지 않은 것이다.

코로나19의 범유행과 K-방역

해방 이후 설립된 중앙방역연구소는 국립보건원을 거쳐 2004년 질병관리본부로 거듭났다. 이는 2003년 세계적으로 유행한 사스 때문에 국가적인 방역의 중요성이 커진 것에 대한 대응책이기도 했다.

이후에도 한국에는 여러 전염병이 유행했다. 2009년에는 멕시코 돼지농장에서 시작된 신종 플루가 들어와 온 나라를 공포에 떨게 했다. 2015년에는 중동 지역의 풍토병으로 알려진 중동 호흡기 증후군 코로나바이러스인 메르스(Middle East respiratory syndrome coronavirus, MERS-CoV)가 유행해, 정부가 추진했던 세계화에 전염병의 세계화도 포함된다는 것을 알려주었다. 2020년 1월에는 중국 우한에서 처음 보고된 신종 코로나바이러스가 빠르게 전파되어 3월에는 전 세계 확진자 수 2위를 기록했다. 그러나 이후 한국은 효과적인 방역 덕분에 도리어 'K-방역'이라는 칭송을 받았다. 국가적인 질병 관리가 더욱 중요해지면서 질병관리청도 만들어졌다.

한국 전근대 사회의 전염병

장구한 전염병의 역사를 보면 근대화가 진행되면서 100년마다 범유행이 발생했음을 알 수 있다. 유럽의 근대화가 이루어졌던 19세기에는 콜레라가 대유행했고, 20세기 초에는 1차 세계대전과 함께 인플루엔자가 유행했다. 신종 코로나바이러스는 급격한 생태 환경의 파괴로 동물 바이러스가 인간에게 전이된 경우다. 21세기에 들어 전 지구적인 온난화 현상과 생태 환경의 파괴가 더욱 빠르게 진행되고 있다. 앞으로도 인간이 경험해 보지 못한 새로운 변종 바이러스가 나타날 가능성은 매우 높다.

　전염병은 인간에게 여전히 위협적이며 한 사회의 모습을 변화시킨다. 앞으로 21세기는 코로나19 이전 시대와 이후 시대로 나뉠 것이다. 코로나19의 대유행은 새로운 사회로 가는 계기를 전염병이 제공해 왔다는 사실을 새삼 깨닫게 하고 있다.

용어 사전

면역학   우리 몸이 질병에 대응하는 방어 체계인 면역계를 연구하는 학문.

미생물   세균이나 바이러스 같은, 눈에 보이지 않을 정도로 아주 작은 생물. 질병을 일으키는 원인이 될 수 있다.

미아스마   질병을 일으키는 병원균이 담겨 있다고 여겨졌던 가스

바이러스   가장 단순한 형태의 병원균. 전자현미경으로만 관찰할 수 있다. 바이러스가 일으키는 질병은 독감부터 감기, 황열병, 에이즈까지 그 종류가 다양하다.

범유행   비슷한 시기에 하나의 질병이 전 세계의 많은 지역에서 유행하는 일, 또는 연달아 유행하는 일.

변이   생물의 모습이나 형태가 바뀌는 일.

병원균   질병을 일으키는 생물로, 병원체라고도 한다. 바이러스, 세균, 곰팡이, 기생충이 있다.

보균자   어떤 병에 감염되었지만 아무런 증상이 나타나지 않는 사람. 다른 사람에게 병을 전염시킬 수 있다.

보유 숙주   특정 질병을 일으키는 미생물을 몸 안에 가진 생물. 보유 숙주에게는 대개 병의 증상이 나타나지 않으며 나타난다 해도 가벼운 증상만 보인다(오리와 기러기 등은 조류독감의 보유 숙주다).

선페스트   가장 흔한 종류의 페스트. 벼룩에게 물린 상처를 통해 세균에 감염되어 발생한다. 병증이 중해 사망에 이를 수도 있다. 증상으로는 림프절이 부어오르고 고열이 난다(사타구니의 림프절이 부어올라 생기는 멍울이나 종기를 '가래톳'이라고 한다).

세균   세포 하나로 이루어진 아주 작은 생물. 현미경으로만 볼 수 있다..

아르보바이러스   절지동물 매개(Arthropod-borne) 바이러스의 약자로, 절지동물(외골격을 가진 동물로 모기나 진드기 같은 동물이 있다)을 통해 감염되는 바이러스군을 일컫는다. 아르보바이러스가 인간에게 일으키는 병으로는 황열병, 말라리아, 웨스트나일 열병 등이 있다.

아편제   아편 성분이 함유된 약품. 과거에 병을 치료하고 환자를 안정시키는 용도로 사용했다.

양적 연구   어떤 현상을 통계 기법이나 수치 자료를 이용해 연구하는 방식.

오물 구덩이   과거 유럽에서 집의 지하에 두었던 공간으로, 대개 이곳에 집에서 나오는 하수를 버렸다.

인수 공통 전염병   동물에서 사람으로, 또는 사람에서 동물로 전염될 수 있는 질병.

전염병 발생   어떤 질병의 환자 수가 갑자기 증가하는 현상. 대부분 좁은 지역이나 작은 집단에서 일어난다.

257

전염병학   병이 어떻게 전염되는지, 병의 유행을 어떻게 막을 수 있는지 연구하는 학문.

접촉자 추적   전염의 확산을 막기 위해 전염병에 노출된 사람들을 밝혀내고 감시하는 일.

질적 연구   어떤 행동 양식을 관찰이나 면담, 조사 같은 방법을 통해 연구하는 방식.

집단 면역   집단 구성원의 대다수가 감염되거나 백신 접종을 받은 경우 질병 확산에 대해 집단이 지니는 저항력. 군집 면역이라고도 한다.

청색증   혈액에 산소가 부족할 때 피부에 나타나는 증상으로, 피부가 파란색으로 변한다.

출혈열   열과 출혈을 일으키는 바이러스에 의한 질환.

코로나바이러스   일반 감기부터 중증 급성 호흡기 증후군(사스), 코로나19 등을 일으키는 바이러스의 한 과. 전에 사람에게 나타난 적이 없는 새로운 변종의 코로나바이러스를 '신종 코로나바이러스'라고 부른다.

패혈증 페스트   페스트의 한 종류. 이 병에 걸리면 병원균이 혈관을 공격하여 사망에 이른다.

폐페스트   페스트의 한 종류. 이 병에 감염된 환자가 내뿜는 침방울(비말)을 통해 전염된다. 폐를 공격하며, 이 병에 걸린 환자는 대개 사망에 이른다.

풍토병   특정 지역에 사는 사람들에게 일반적으로 나타나는 질병(수두나 이하선염은 북아메리카 지역의 풍토병이다).

필로바이러스   에볼라처럼 인간에게 출혈열을 일으키는 바이러스.

항체   바이러스나 세균에 대항하여 우리 몸을 지키기 위해 면역계가 만들어 내는 물질.

LGBTQ+   모든 종류의 성 소수자(190쪽 참고).

교과 연계표

찾아보기

탐정이 된 과학자들

초판 1쇄   2015년 4월 10일
개정증보판 1쇄   2021년 8월 15일

지은이   마릴리 피터스
옮긴이   지여울
감수   이현숙

펴낸이   김한청
기획편집   원경은 차언조 양희우 유자영
마케팅   최지애 설채린 권희
디자인   이성아
경영전략   최원준

펴낸곳   도서출판 다른
출판등록   2004년 9월 2일 제2013-000194호
주소   서울시 마포구 동교로27길 3-12 N빌딩 2층
전화   02-3143-6478
팩스   02-3143-6479
이메일   khc15968@hanmail.net
블로그   blog.naver.com/darun_pub
페이스북   /darunpublishers
ISBN   979-11-5633-391-3 (43400)